高性能微纳结构 SERS 基底构筑与应用研究

黄剑 著

U0364244

中国石化出版社

内 容 提 要

本书根据教育部教学指导委员会制定的关于分析化学及相关专业仪器分析课程的基本内容和要求，参考国内外近年出版的分析化学、仪器化学或分子光谱学专著编写而成。全书分为分子振动光谱学基础、分子振动光谱学应用研究两大部分，重点介绍各类分子光谱分析方法的基本理论、基础知识和基本操作。为便于读者阅读，书后附有本书所涉及的主要符号。本书亮点是增加了有关最新研究领域分子光谱学特别是SERS领域的分析方法、经典的应用。

本书适用于应用化学、分析化学、仪器分析、药物化学、材料化学等专业学生参考学习；使学生树立正确的分子光谱分析概念，具有初步分析问题、解决问题的能力，熟悉和掌握各种分子光谱分析检测仪器的基本构造和操作技能，为日后的各门专业课奠定良好的基础。

图书在版编目(CIP)数据

高性能微纳结构 SERS 基底构筑与应用研究 / 黄剑著.
—北京：中国石化出版社，2019.11
ISBN 978-7-5114-5582-6

Ⅰ. ①高… Ⅱ. ①黄… Ⅲ. ①纳米技术-应用-金属表面处理-研究 Ⅳ. ①TG17

中国版本图书馆 CIP 数据核字（2019）第 246065 号

中国石化出版社出版发行
地址:北京市东城区安定门外大街 58 号
邮编:100011 电话:(010)57512500
发行部电话:(010)57512575
http://www.sinopec-press.com
E-mail:press@ sinopec.com
北京艾普海德印刷有限公司印刷
全国各地新华书店经销
*
710×1000 毫米 16 开本 13 印张 209 千字
2019 年 11 月第 1 版 2019 年 11 月第 1 次印刷
定价:69.00 元

前　言

表面增强拉曼散射(Surface-enhanced Raman Scattering，SERS)技术因具有灵敏度高、特异性强、水干扰小、检测条件温和以及可提供指纹图谱信息等优势，在生物医学、疾病诊断、环境监测、食品药品监管等众多领域受到了广泛的关注。三维(Three Dimension，3D)微纳米结构因其高密度的分层支架、较高的比表面积、丰富的吸附位点和良好的吸附能力而逐渐成为 SERS 基底构建不可忽略的一类重要材料。针对各种不同的应用需求，设计并构建性能优良且成本低廉的 SERS基底一直是 SERS 领域研究热点，也是推动 SERS 技术广泛应用于实际分析和定量检测的关键所在。

本书在阐述拉曼光谱及表面增强拉曼散射基础上，分别介绍了高性能微纳结构 SERS 基底的分类、构筑及运用。集中阐述了高性能 3DSERS 基底、针尖型 SERS 基底的制备与应用，重点介绍了其相关应用。

全书共分为 9 章。第 1 章介绍了拉曼光谱及表面增强拉曼散射的基础知识与增强机理。第 2~4 章分别介绍了高性能 SERS 基底的分类、制备及多样性运用。第 5~8 章，介绍了针尖状硅(Si)纳米线和几类典型 3D 微纳米结构的生长原理、结构演变机制以及拉曼增强特性。其中，第 6 章介绍了湿化学法合成 3D 结构 Ag 枝晶微纳米 SERS 基底；第 7 章介绍了 AgNPs 修饰的 3D 异质 ZnO/Si 纳米狼牙棒阵列结构 SERS

基底；第 8 章介绍了一种表面清洁、可循环利用的 3D 微纳米结构 SERS 基底的构筑及其应用。第 9 章则介绍了基于 LSPR/SPPs 耦合增强机制的聚苯胺–贵金属复合 SERS 基底的构筑与应用。

本书的撰写以及书中大部分的研究内容(第 5~8 章)都得到了西安交通大学赵永席教授、徐可为教授、马大衍高工等的指导与支持，在此向三位恩师表示由衷的感谢。

本书获西安石油大学优秀学术著作出版基金资助出版，同时获国家自然科学基金项目(11847140)、陕西省自然科学基础研究项目(2019JQ-490)和陕西省教育厅专项科研计划项目(18JK0609)资助出版，在此，作者表示衷心的感谢。并感谢西安石油大学博士助推计划、研究生创新与实践能力培养项目(YCS18111007、YCS18112028、YCS18112026)、陕西省大学生创新创业训练计划项目(201819060)的支持与资助。

研究生雷哲参与了本书第 7 章的实验设计与改进、数据处理及部分撰写工作；研究生张倩参与了本书第 8 章的实验优化、数据采集/整理及部分撰写工作；研究生刘敬宇参与了第 6 章的对比方案设计、数据分析及部分撰写工作。学生周赛、陈瑞、段美、李天资、雷雨田等参与了第 5 章、第 9 章的后续实验方案设计与实验改进，完成了第 5 章及第 9 章的部分撰写工作。全书由黄剑统稿。

由于作者水平有限，加之时间仓促，书中的疏漏和不妥之处在所难免，敬请读者指正。

目　录

I

1

拉曼散射及表面增强拉曼散射（SERS）

1.1 拉曼散射介绍

光散射是指光束通过不均匀介质时部分光线偏离原方向而向四周散开的现象，这种现象在日常生活中普遍存在，如蓝色的天空、洁白的云彩、绚丽的彩虹等等。当散射光频率与入射光相比未发生变化时，表明该散射过程只有光的传播方向发生了改变，而没有进行能量交换，我们称之为弹性散射，主要包含瑞利散射、米式散射等。然而，拉曼散射是一种分子与光子相互作用而引起的非弹性散射，除了光的传播方向发生变化外，光子与分子之间也发生了一定的能量交换。

早在 1923 年，A. G. Smekal 等人[1] 曾在理论上预言：在光的散射过程中，假使分子的状态发生改变，则入射光与分子会发生能量交换，并最终导致散射光的频率发生变化。五年之后，印度物理学家 C. V. Raman 证实了这一预测，他在利用水银灯照射研究苯、甲苯、水以及其他多种流体基质时，发现散射光中除了有与入射光频率相同的谱线外，还存在部分入射光频率发生变化且强度极其微弱的谱线[2,3]。同年，苏联物理学家 L. I. Mandelstam 和 G. S. Lardsberg 在石英晶体中也各自独立地发现了同样的现象，他们称之为"联合散射光谱"。

同红外吸收光谱一样，拉曼散射光谱亦携带有散射物质丰富的分子结构信息，它们均属于分子内化学键振动光谱，并可快速反映出分子的化学键、特征官能团等指纹特性，这对于深入研究分子的转动或振动结构具有独特的优势。如图 1-1 所示，拉曼散射遵循以下原则：分子以固有频率 v_i 振动，极化率也以 v_i 为频率做周期性变化。在频率为 v_0 的入射光作用下，v_0 与 v_i 相互耦合产生了 v_0、v_0+v_i 和 v_0-v_i 三种频率，而频率为 v_0 的光即瑞利散射光。在散射光谱中，激发线的两侧对称地伴有频率为 $v_0\pm v_i$ 的谱线，其中低频一端的谱线称为斯托克斯线或红伴线，高频一端的谱线称为反斯托克斯线或紫伴线。频率差 v_i 与入射光频率 v_0 无关，通常由散射物质的性质决定，每种散射物质都有自己特定的频率差，其中有些与介质的红外吸收频率相一致。研究表明，绝大多数的斯托克斯散射要比反斯托克斯散射更强，因此，研究人员主要采用斯托克斯散射来体现拉曼散射。由于散射光子的频率均印随入射光子的频率而发生变化，所以在拉曼散射光谱中得到的谱峰振动频率为拉曼频移，它们对应于分子振动能级的改变。

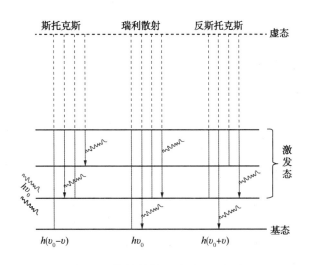

图 1-1　拉曼散射量子跃迁示意图

20 世纪 30 年代，E. Placzek 等人系统地阐述了拉曼散射效应的基本原理，并展望了拉曼技术的应用和发展前景。此后，基于拉曼散射效应而构建的拉曼光谱分析法曾一度成为分子结构解析的重要工具。与其他类型的分子振动光谱相比较，拉曼散射光谱具有很多独特的优点：①制样简单，样品需求量小；②检测过程中不会破坏样品，可实施各类无损检测；③水对拉曼散射的干扰极小，特别适合于各种生物试样和含水样品的直接检测，同时亦可根据检测需求快速变换激发光源波长；④测试周期短，分析速度快，结果准确可靠。

当然，拉曼散射光谱也存在一些不可忽略的问题，例如：①测试结果易受荧光干扰，即荧光信号很容易将拉曼散射信号湮没；②检测灵敏度低；③在痕量分析和单分子检测等领域的应用研究相对比较匮乏。因此，广大的科研人员一直致力于降低荧光干扰，提高拉曼检测的灵敏度等方面的研究，大量新技术的出现也极大地推动了拉曼散射的高速发展和实际应用，如共振拉曼光谱（Resonance Raman Spectroscopy，RRS）[4-6]、傅里叶变换拉曼光谱（Fourier Transform Raman Spectrometry，FT-RS）[7-9]、针尖增强拉曼散射光谱（Tip-enhanced Raman Scattering，TERS）[10-14]、相干反斯托克斯拉曼散射（Coherent Anti-Stokes Raman Scattering，CARS）[15-17] 以及表面增强拉曼散射光谱（Surface-enhanced Raman Spectroscopy，SERS）等等[18-26]。

3

1.2　表面增强拉曼散射介绍

1.2.1　表面增强拉曼散射的起源与发展

表面增强拉曼散射(Surface-enhanced Raman Scattering，SERS)是指一些待测物分子吸附于粗糙的贵金属(如 $Au^{[27,28]}$、$Ag^{[29,30]}$、$Cu^{[31,32]}$、$Ni^{[33,34]}$ 等)或贵金属纳米颗粒胶体表面时，其拉曼散射信号得到显著增强的现象[35]。英国科学家 Fleischmann 等人于 1974 年采用电化学氧化还原法对光滑的银电极进行多次粗糙化处理后，首次获得了银电极表面单层吡啶分子的高质量拉曼光谱图[36]。他们一致认为这一奇特的光学增强现象归因于电极的粗糙化而引发的表面积增加(有效表面积的增加使得更多的待测物分子能快速地吸附在电极表面，进而提供增强的拉曼信号)[37]。

1977 年，Creighton[38] 和 Van Duyne[39] 两个研究团队也各自独立地发现，吸附在粗糙银电极表面的单个吡啶分子要比溶液中单个吡啶分子的拉曼散射信号强约百万倍。随后，他们指出这是一种与粗糙表面相关的表面增强效应。这一研究成果的公布轰动了学术界并引起了科研人员的广泛关注。人们将这种因分子吸附或接近粗糙贵金属表面而产生的拉曼信号显著增强的现象，命名为 SERS 效应。然而，通过进一步的理论计算发现，粗糙化处理后的银电极其有效表面积仅增加了约 10 倍，而吸附在该电极表面吡啶分子的拉曼信号却提高了 $10^5 \sim 10^6$ 倍。显然，将这种增强作用简单地归结为粗糙电极表面有效表面积的提高和吸附分子数量的增加是不科学的。Van Duyne 认为这种增强是由于电磁增强引起的，而 Creighton 则将其归因于电荷转移机制。

基于 SERS 效应的分析检测技术，由于具有灵敏度高、选择性强，且能提供分子水平的指纹信息等优点而被广泛研究。在先前的应用研究中，该技术常被应用于各类痕量待测物的超灵敏分析检测，其检测灵敏度甚至可低至单分子水平。例如，Nie 等人报道了银纳米颗粒(Ag nanoparticles，AgNPs)表面单分子的 SERS 光谱，使得 SERS 检测能力达到单分子级别[41]。Hou 等人则采用 TERS 技术首次实现了单分子的拉曼成像(见图 1-2)，该研究成果突破了传统光学成像中衍射极限的瓶颈，并成功将空间成像的分辨率提高到纳米尺度以下[40]。

经过 40 多年的高速发展，SERS 技术极大地促进了拉曼检测、表面分析、光学成像、催化传感以及医疗诊断等领域的发展与延伸，并且展示出良好的应用前景[42,43]。

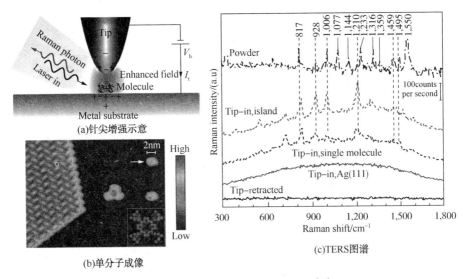

(a)针尖增强示意

(b)单分子成像

(c)TERS图谱

图 1-2 单分子成像与 TERS 技术[40]

1.2.2 表面增强拉曼散射增强机理

自 SERS 效应被发现以来，SERS 基底的增强机理长期困扰着广大科研人员并阻碍着 SERS 技术的发展与应用。迄今为止，关于 SERS 机理的探讨一直是 SERS 研究领域最重要的热点课题之一。根据经典电磁理论分析，拉曼散射是由待测分子结构中原子间的振动引发的，拉曼散射的强度 I 正比于分子感应偶极矩 P 的平方，即 $I \propto P^2$。然而 $P = \alpha \cdot E$，其中 α 为分子极化率，E 为电场强度。根据上式可知，SERS 基底的增强效应主要来源于两部分，即待测分子的极化率改变和分子附近的局域电场强度。

当所涉及的理论和模型主要集中分析待测分子或基底表面的局域电场 E 的增强时，由此所推导得出的增强机理大多为电磁场增强机理，也称之为物理增强。同理，当所涉及的理论及模型主要围绕分子极化率 α 的改变时，与之相对应地增强机理则为电荷转移增强机理，或称之为化学增强。然而，研究人员发现上述两类普遍被人们所接受的增强机理均只能解释部分实验现象，并不适用于所有的实验结果。最近的研究表明，这两类增强机制在很多体系中均同时存在，只是它们对拉曼散射增强所产生的相对贡献随体系的不同而有所差异。分析结果显示，想要在某一特定的 SERS 增强体系中严格量化或区分二者各自的比例与贡献，目前看来仍然是一个巨大的挑战[44]。以下分别介绍两类增强机理：

（1）电磁场增强机理（Electromagnetic Mechanism，EM）

电磁场增强机理认为，当金属基底具有一定的粗糙度时，采用一定波长的入射光照射该基底会使得基底表面产生较强的电磁场，进而促进了基底表面所吸附分子的拉曼信号显著增强。目前的研究表明引发电磁场增强的因素很多，其中比较具有代表性的因素包括镜像场作用、避雷针效应以及表面等离子体共振等等。分析结果显示，表面等离子共振具有特别突出的贡献，且已被广大研究人员所普遍接受。

电磁增强机理主要用于描述金属表面的局域电场增强（见图 1-3）。由于所开发利用的 SERS 增强基底大多为良好的金属导体，因此其表面通常具有一定的粗糙度和一层自由活动的电子。而在热平衡状态下的自由电子为电中性，当自由电子受到外界激发时则会导致局部的电荷密度发生变化，进而产生反向的静电回复力。恰是基于此现象，自由电子的电荷分布发生了震荡。简而言之，入射激光使金属表面的自由电子集体激发，进而引发表面等离子体振荡。当等离子体振荡频率与入射光的频率一致时就会发生等离子体共振现象。如该共振现象仅发生在局部表面区域，就称之为局域表面等离子体共振（Localized Surface Plasma Resonance，LSPR）。特别的是，在共振的条件下 SERS 基底表面将产生增强的局域电场，而在此区域内吸附或键合的探针分子拉曼散射信号亦将大幅提升，其综合增强效应与 E^4 约成正比。

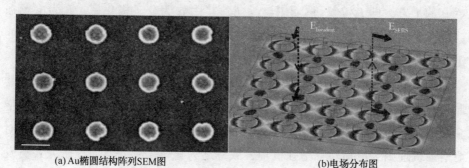

(a) Au椭圆结构阵列SEM图 (b)电场分布图

图 1-3　电磁场理论的实验验证[45,46]

近年来，研究人员通常以表面等离子体共振理论为基础，结合增强基底表面 SERS 活性纳米颗粒的形貌、尺寸以及颗粒间的隙缝等因素来构建相应基底的数学模型。通过求解 Maxwell 方程组可推算其增强因子，进而评估所制备 SERS 基底的增强特性。此外，时域有限差分方法（Finite Difference Time Domain，FDTD）也常被用来研究 SERS 基底表面的电磁场分布，它是目前使用频率最高的数值模拟法之一。该方法的本质是将 Maxwell 方程组在时间和空间领域上进行差分化，其优点是能直接模拟电磁场的分布，且精度较高，差分结果数学意义简单明确[47]。

虽然 SERS 基底的电磁场增强机理已经获得了普遍的认可和应用，但仍然有诸多 SERS 增强现象不能采用该机理圆满解释。例如，在同一增强基底表面吸附有拉曼散射截面完全相同的 N_2 分子和 CO 分子，而它们的拉曼增强效果却截然不同。实验结果显示基底对 CO 的增强因子比 N_2 高出 200 倍。该现象的发现暗示着除了电磁增强效应外，体系中还存在其他的增强效应。基于此，研究人员开始逐步探索基底表面与探针分子的相互作用对拉曼增强效应的影响，进而提出了化学增强模型。

（2）化学增强机理（Chemical Enhancement Mechanism，CEM 或 CM）

近年来，单分子的 SERS 研究表明在最佳条件下处于 SERS 活性的最高位置，其电磁增强所提供的 SERS 增强因子仅能达到 $10^6 \sim 10^{12}$，而这与实验中所获得的最大增强因子（10^{14}）仍有一定的差距。科研人员推测，这其中的差距正是由化学增强所提供的。

化学增强机理主要是研究吸附在 SERS 基底表面的探针分子在受到入射光作用时，探针分子和基底表面发生相互作用并产生类共振增强的现象。其中，最常见的化学增强为电荷转移增强机理（Charge Transfer Enhancement Mechanism，CTEM 或 CT）。当探针分子吸附或键合到 SERS 基底表面时，贵金属原子与探针分子之间能够通过化学键相互作用而形成新的化合物，并由此具备新的激发态。随后，当基底受到激发光的照射时将发生电荷迁移，即电子从金属的费米能级跃迁到新的激发态上，或从新的激发态跃迁到金属能级上。由于电荷的这两类跃迁直接导致所吸附探针分子的极化率显著地增加，进而产生了类共振现象，并对探针分子发生了 SERS 增强效应。

尽管 SERS 增强的确切机理还存在许多争议，但是人们普遍认为电磁增强机理相对于电荷转移增强所适用的体系更多，且在两种机制中占主导地位。而对于一般的增强体系而言，电磁增强和化学增强机理将同时存在，共同作用。

1.2.3 表面增强拉曼散射的特点

SERS 是一种表面增强的拉曼光谱，除了继承普通拉曼光谱的优点外，同时还具有许多独特的特性。

（1）需要 SERS 活性基底

具有 SERS 活性的基底是 SERS 检测的基础和前提。普通拉曼测试一般使用载玻片、石英玻璃、硅片、毛细管以及比色皿作为载体。而 SERS 检测则需要固相的 SERS 增强基底或具有 SERS 活性的贵金属纳米颗粒胶体。目前比较常见的 SERS 基底材料主要为 Ag、Au、Cu 三类过渡金属，其增强效应可达 10^6 以上。其他的过渡金属或贵金属如 Ni、Co、Fe、Pt、Pd 等，其增强效应相对较低，通常在 $10^2 \sim 10^4$。此外，上述贵金属、过渡金属的二元或多元合金以及相应的纳米颗粒胶体也可以作为增强基底[48]。近年来，研究人员也发现 ZnO、TiO_2、Fe_2O_3、$W_{18}O_{49}$ 等氧化物半导体的粗糙表面也能观察到微弱的 SERS 效应[49]。

（2）增强因子大，检测灵敏度高

与普通的拉曼测试相比较，SERS 技术具有较高的增强效应，因此能够实现待测组分的高灵敏度检测，并有望成为一种超痕量的分析手段。目前所报道的最高增强因子可达 10^{14}，并能满足单分子的检测要求。部分研究报道实现了罗丹明 6G（Rhodamine 6G，R6G）分子的超灵敏检测，其检测极限低至 $10^{-17}M$[50]。

（3）对 SERS 基底表面有特殊要求

通常情况下，SERS 基底材料都需要经过表面粗糙化处理。粗糙的程度分为微纳米尺度（500 ~ 20nm）、亚微观尺度（20 ~ 5nm）以及原子尺度（5 ~ 0.1nm）。光滑的基底材料往往难以获得性能可观的增强效应。而不同种类的基底材料在表面粗糙度匹配时则能产生更强的增强效果。研究表面，Ag 基底的粗糙度需要在 100nm 左右，而 Cu 则需要在 50nm 左右[51]。

（4）分子与 SERS 基底之间的距离影响 SERS 增强效应

SERS 分别具有长程和短程增强效应，且两类不同的增强模式对应于不同的增强机制。通常，容易吸附或结合到 SERS 基底表面的分子与基团会获得较为显著的增强效果。研究表明，距离基底表面数十纳米时仍能观察到 SERS 信号，但 SERS 信号的强弱随距离的增加呈指数衰减。当分子与基底之间的间距小于 8~10nm 时，可获得显著的增强效应[52]。

（5）SERS 技术的定性分析与定量分析

SERS 的本质是一类分子振动光谱，与其他的波谱分析技术相比较，SERS 的优越性在于能够提供丰富的分子指纹光谱。通过这些"指纹"可快速识别未知组分，从而实现待测物的定性分析。此外，SERS 光谱的指纹特性和窄的谱线宽度也极大地降低了峰与峰之间的重叠概率，使得多组分的同时检测成为可能。大量的研究表明，SERS 基底表面待测物的浓度与其 SERS 信号强度之间存在一定的线性关系，根据标准曲线可获得线性回归方程，为多种分子的定量检测提供了新思路[53]。

（6）SERS 技术可有效淬灭荧光，去除干扰

SERS 增强基底一般选用导电性良好的 Au、Ag、Cu 等金属，许多待测分子的荧光效应在基底电荷转移的作用下很容易被淬灭[54]。因此，采用 SERS 增强基底及其检测技术可有效地去除荧光背景的干扰，得到高质量的拉曼谱图。

（7）SERS 技术可实时、现场检测

由于制样简单、对样品需求量小且不破坏测试样品，SERS 分析检测可在测试现场直接利用体积较小的便携式拉曼光谱仪完成[55]。目前已有商业化的手持式拉曼光谱仪，其激光激发波长可根据实际需求从可见光区调制到近红外区（可有效避免荧光背景的干扰，提高 SERS 分析检测的灵敏度和准确度）。

（8）SERS 技术可实现直接检测和间接检测

采用滴加（或浸泡）的方式将待测物组分均匀分散到 SERS 增强基底表面，待液滴干燥后直接进行的 SERS 检测叫直接检测法。当然，待测液体组分也可与 SERS 活性胶体均匀混合后直接导入毛细管中进行检测。通常，直接检测法能够用来快速分析检测一些有机小分子[如 R6G、三聚氰胺、孔雀石绿（MalachiteGreen，MG）、福美双和 TNT]、细菌、病毒以及其他生物活性分子等等。

反之，如将各类信号分子或信标修饰到 SERS 基底表面，再通过分析对比吸附待测物组分前后的 SERS 光谱的变化以达到分析检测的目标，我们称之为间接检测法[56]。间接检测法目前广泛应用于生物医学领域，如各种酶、激素、蛋白质、抗体等的分析检测。

2

高性能微纳结构SERS基底的分类

在高性能微纳结构 SERS 基底中，最普遍的增强基底可分为贵金属溶胶 SERS 基底、贵金属电极 SERS 基底、贵金属岛膜或薄膜 SERS 基底、复合 SERS 基底、多功能 SERS 基底等等，本章分别分类介绍。

2.1　贵金属溶胶 SERS 基底

贵金属纳米溶胶 SERS 基底是目前最常见，且使用最方便的一类活性 SERS 基底。通常，以硝酸银或氯金酸溶液为前驱体，以柠檬酸钠、硼氢化钠或抗坏血酸等为还原剂，通过化学还原法即可成功制备金、银溶胶 SERS 基底。虽然化学还原法能够快速简单制得贵金属纳米溶胶，却难以精确控制纳米颗粒的尺寸与形貌。针对上述问题，科研人员探索了不同反应因素对纳米颗粒的控制影响，通过还原剂筛选、还原剂浓度优化、反应时间控制，可实现贵金属纳米颗粒的有效调控。此外，表面活性剂的引入，也有利于纳米颗粒形貌的精确控制。通过不同类型表面活性剂的使用，研究人员获得了形状各异的贵金属纳米颗粒，例如，纳米棒、纳米立方体[57]、纳米球[58]、纳米三角[59]、纳米线[60]、纳米板[61]以及纳米星[62]等等。

贵金属纳米溶胶 SERS 基底的增强效应主要取决于"热点"的密度。在制备过程中，人们通常会引入其他杂质离子(如 Cl^-、Br^- 或 NO_3^-)来促进溶胶颗粒的团聚。而聚集的纳米颗粒间隙能产生高密度的"热点"，从而显著地增强 SERS 信号。然而，纳米颗粒的团聚往往难以控制，过度的团聚反而会导致溶胶 SERS 基底发生不可逆的沉淀，增强效应随即快速降低。贵金属纳米溶胶 SERS 基底使用时，需将待测组分与溶胶相互混合，溶胶基底易受待测组分的污染，导致增强活性降低。大多数溶胶基底耐酸碱、抗腐蚀、抗污染特性不足，使得该类基底对待测组分具有一定的选择性和局限性(例如难以分析检测环境水中的污染物)。

2.2　贵金属电极 SERS 基底

Fleishmann 于 1974 年在粗糙 Ag 电极表面首次发现了 SERS 效应，粗糙 Ag

电极 SERS 基底备受关注，应运而生。除 Ag 电极之外，其他金属电极也具有类似的增强效应，因此，金属电极 SERS 基底的制备与应用逐渐成为该领域的研究热点。制备贵金属电极 SERS 基底最常用的方法是循环伏安法，它包含两个基本过程，一是金属电极被氧化成离子进入电解质溶液（通常为 KCl 溶液），二是电解质中的金属离子被还原沉积于电极表面。如此循环往复即可获得具有粗糙表面的金属电极 SERS 基底，其粗糙度一般为 25～500nm[63]。虽然利用循环伏安法制备贵金属电极 SERS 基底速度快、易操作，但电势的变化极易影响电极表面的粗糙度，常导致电极 SERS 基底检测重现性较差，更无法大面积生产制备。

2.3　金属薄膜 SERS 基底

金属薄膜基底通常以硬质基材为支撑，利用旋涂法、自组装法或模板法在其表面涂覆一层或多层具有 SERS 增强效应的微纳米金属薄膜。其中，旋涂法主要是利用匀胶机在支撑基底表面涂覆一层纳米溶胶，随即形成稳定的金属薄膜。该方法周期短、易操作，且旋涂的金属膜层稳定性好，不易脱落。而自组装法则以交联剂为纽带，通过交联剂连接金属纳米颗粒和功能化硬质基材，进而形成金属薄膜 SERS 基底。模板法依赖自身的形状，将金属纳米颗粒均匀沉积在其表面，在模板腐蚀后即可形成具有特定形貌的金属薄膜 SERS 基底。例如，Wang 等人[64]以多孔阳极氧化铝（AAO）为模板，通过电子束蒸镀法成功制备出了厚度可控且具有精美图案的多孔 Ag 膜 SERS 基底，并利用时域有限差分法（FDTD）模拟计算了薄膜 SERS 基底的局域电场强度及空间分布。

2.4　复合 SERS 基底

2.4.1　双金属复合 SERS 基底

大量研究表明，Ag 基 SERS 基底大多具有良好的 SERS 增强特性。然而 Ag 基底在存储或使用过程中极易被氧化，进而导致其增强效应显著衰退。为了解决

Ag 基 SERS 基底稳定性差、易被氧化的难题，科学家们逐渐将目光转至双金属复合 SERS 基底。王利华[65]等人利用两步增长法，合成了具有核壳结构的 Au@Ag 双金属复合 SERS 基底(该方法先以柠檬酸、柠檬酸钠混合液为还原剂快速还原氯金酸得到 Au 纳米核，随后再加入柠檬酸钠、抗坏血酸、硝酸银溶液，通过二次生长形成 Ag 壳)。温馨[66]等人通过电沉积法电解氯金酸和氯化铜溶液，实现了硅阵列表面金铜合金的共同沉积，进而得到了有序的金铜合金纳米阵列(通过调节电压或改变氯金酸与氯化铜的摩尔比，可获得不同金铜比例的双金属复合 SERS 基底)。进一步的研究显示，上述两类双金属复合 SERS 基底均具有良好的 SERS 增强特性(其中铜双金属复合 SERS 基底对 R6G 分子的检测限低至 10^{-14} M)，且其增强效应显著优于单一组分的贵金属 SERS 基底。

2.4.2 氧化物复合 SERS 基底

众所周知，基于增强基底的 SERS 检测凭借其良好的选择性、较高的灵敏度、且能提供单分子水平的特征指纹等优点，在环境监测、食品安全、医疗诊断等领域受到了广泛的关注。然而，在 SERS 检测的实际应用中人们所面临的首要挑战便是设计并构筑一类价格低廉、合成简便、重现性好且性能稳定的高活性 SERS 基底。Au、Ag 等贵金属 SERS 基底虽增强效应良好，应用广泛，却存在价格昂贵、重现性低、稳定性差等缺点，不适合于大规模的推广应用。而氧化物或半导体纳米材料大多成本较低且化学性能稳定，但其 SERS 增强效应严重不足。综合上述难题，科学家们将贵金属微纳结构与氧化物或半导体纳米材料有机复合，充分协调贵金属微纳结构表面的电磁增强机制及各界面的电荷转移与化学增强机制，有望构筑出 SERS 增强效应显著的高性能复合 SERS 基底。迄今为止，大量氧化物或半导体纳米材料已被实验证实可用于构筑复合型 SERS 增强基底，如 TiO_2[67]、ZnO[68]、CdTe[69]、Fe_3O_4[70]、WO_3[71]、CuO[72]、石墨烯[73]等。Zhao[74]等人通过光还原沉积法成功在 TiO_2 纳米线表面负载了高密度的 Au 纳米颗粒，进而实现了 Au/TiO_2 复合 SERS 基底的制备。复合后的 SERS 基底展现出痕量 R6G 分子的完整特征散射，其增强效应相比未复合的 Au 纳米颗粒显著提高。

2.4.3 柔性材料复合 SERS 基底

大量研究表明，SERS 分析检测的灵敏度主要取决于 SERS 基底的增强效应，因此制备重现性好、增强因子高的 SERS 基底是当前超灵敏分析领域的研究热点之一。然而，由于目前大部分 SERS 基底都是硬质基底，固体硬质基底坚硬易碎，且不透光，在实际应用过程中往往需要使用溶剂将待测组分从被测物体表面萃取后转移至 SERS 基底上进行分析检测，该过程十分复杂、耗时，严重影响分析检测效率。此外，实际物体表面结构的各异性，限制了硬质基底在实物表面的原位检测。因此，发展一种可直接在物体表面原位检测待测组分的 SERS 方法迫在眉睫，而实现原位快速 SERS 检测的关键是制备增强性能良好的可透光柔性 SERS 基底。

常见的柔性 SERS 基底主要有金属纳米薄膜类、基于贵金属纳米颗粒修饰的柔性支撑材料，如纸张[75]、纤维织物[76]、柔性高分子[77]、软生物质[78]等。Kumar 等人[79]将 Ag 纳米棒嵌入聚二甲基硅氧烷（PDMS）聚合物薄膜中，成功制备出 Ag 纳米棒/高分子柔性 SERS 基底。该基底具有较高的检测灵敏度，且重现性良好，能直接贴附于果皮表面，实现农药残留的提取与高灵敏分析。赵等人[76]合成了 Au 纳米颗粒/聚合物柔性 SERS 基底和 Ag 纳米颗粒/碳布柔性 SERS 基底，在经过约 200 次的弯折试验后，上述柔性基底的 SERS 增强特性仍保持稳定，且对 R6G 的检测极限依然低至 10^{-14} M。与常规固体 SERS 基底相比较，柔性 SERS 基底不仅具有可折叠、重量轻、成本低等优点，而且极大地增强了 SERS 基底的便携性和使用范围，有利于复杂表面低浓度待测组分的快速识别与分析。

2.5　多功能 SERS 基底

2.5.1　可循环再用的 SERS 基底

SERS 基底通常以贵金属纳米材料为主，由于大量使用昂贵的贵金属组分，使得 SERS 基底的制备及相应的分析检测成本居高不下，严重阻碍了 SERS 技术的快速发展及商业应用。近年来，科研人员致力于发展具有自清洁效应，且可循环利用的多功能 SERS 基底。待测组分或污染物能在基底表面直接催化分解，避免造成二次污染或环境污染。基底回收并循环利用，则可显著降低检测成本，实现绿色循环经济。

TiO$_2$因其化学性质稳定、氧化还原性强、光照无损耗、高效降解、无毒等优势，是目前应用最为广泛的一类光催化活性材料。最近研究表明，贵金属/TiO$_2$纳米结构的基底在紫外光或可见光辐射下成功将吸附在其表面的有机物快速氧化为CO$_2$、H$_2$O等无机小分子。Zhang[80]等人采用电化学法成功构筑了纳米孔阵列，随后，通过银镜反应快速将Ag纳米颗粒修饰于TiO$_2$纳米孔阵列表面，最后包裹一层氧化石墨烯。所制备TiO$_2$-Ag-GO复合SERS基底孔道排列整齐、孔径均一(100nm)，Ag纳米颗粒均一地沉积在TiO$_2$纳米孔表面和内部，氧化石墨烯包裹着Ag纳米颗粒防止其氧化。测试基底的增强活性及自清洁能力，785nm激光辐照一定时间，检测发现，基底表面的探针分子(CV、MG、福美双)被光催化降解。经6个循环的吸附和分解后，实验结果显示TiO$_2$-Ag-GO复合SERS基底的增强特性并无明显降低，上述结果证明该基底具有较好的自清洁能力，在反复使用多次后，其增强性能不会降低。

此外，其他研究人员也成功设计并构建出具有自清洁功能的SERS基底，例如TiO$_2$-Ag的核壳结构[81]、3D多孔ZnO/Ag复合结构[82]、Fe$_3$O$_4$@TiO$_2$@Au复合结构[83]等。

2.5.2 磁性SERS基底

铁氧化物/贵金属纳米复合SERS基底不仅具有磁学特性，且集成了高活性贵金属纳米颗粒的等离子增强特性，在医疗诊断[84]、生物传感[85]、细胞分离[86]、工业催化[87,88]等领域应用广泛。基于磁性纳米材料的顺磁性或超顺磁性，磁性SERS基底在制备过程中通过磁诱导效应可精准调控贵金属纳米颗粒的聚集状态，进而生成高密度的增强"热点"，实现SERS信号的显著增强。检测完成后，仅需添加外置电场即可高效、快速实现复杂分析体系中磁性SERS基底的分离与循环利用[89]。近来，科学家们已设计并制备出各种铁氧化物/贵金属磁性SERS基底，例如Au、Ag负载浓度不同的Fe$_3$O$_4$@Au复合微球[90]、Fe$_3$O$_4$@SiO$_2$@Ag纳米纺锤体、超顺磁性Fe$_3$O$_4$@Ag核壳结构[91]等。特别的是，唐祥虎等人[92]制备出了Au纳米棒包裹的Fe$_3$O$_4$微纳米球磁性SERS基底，他们首先采用溶剂热法合成了Fe$_3$O$_4$磁性微纳米球，然后通过聚丙烯酸钠和聚乙烯亚胺功能化得到表面修饰有—NH$_2$官能团的Fe$_3$O$_4$磁性微纳米球。Au纳米棒因其表面吸附有聚乙烯吡咯烷酮(PVP)而呈负电性，在静电引力的作用下自发地吸附于Fe$_3$O$_4$磁性微纳米球表面。进一步SEES分析检测结果表明，该磁性SERS基底具有良好的 SERS 活性及较强的化学稳定性(对 4–ATP 的检测极限低至 $1×10^{-7}$M,且在放置 3 个月后仍然保持较高的 SERS 增强活性)。此外,由于该复合 SERS 基底具有一定的磁性,人们通过外加磁场即可实现复合纳米颗粒的高密度富集,并可方便地从检测溶液中提取出磁性复合 SERS 基底。

2.5.3 新型高活性 SERS 基底

目前,常规 SERS 基底对于生化分子的分析检测已具备灵敏高、特异性强、高效无损等特点。然而,常规 SERS 基底在实际应用过程中常常面临携带不便且难以储存的缺点,更无法实现微量生化试样的高效、原位、超灵敏分析。基于此,科学家们开发出新型的高活性 SERS 基底(如毛细管 SERS 基底、微流控芯片 SERS 基底等),用以解决上述难题。Qin 等人[93]利用 3–胺丙基三甲氧基硅烷 (APTMS)对毛细管内壁进行表面修饰处理,使其内壁氨基化且带正电荷,随后利用静电引力吸附负电荷的哑铃状 Au 纳米颗粒,所制备的毛细管 SERS 基底在实际分析检测过程中具有良好的重现性及灵敏度,并实现了果皮表面农药残留的提取及超灵敏分析。毛细管 SERS 基底的构建则主要是通过毛细管内壁的表面修饰与嫁接技术,逐步实现毛细管内壁微纳结构的生长及贵金属纳米颗粒的原位负载。显然,处于毛细管内部的分级结构及金属纳米颗粒不受外界的干扰与污染,有利于毛细管 SERS 基底的储存与应用。重要的是,在不借助外力的情况下,利用毛细管与生俱来的虹吸现象,微量的生化试样溶液可自发吸附于毛细管 SERS 基底内,有效地避免了取样过程中的样品损失,特别适用于微量生化试样的采集与分析检测。

利用微流控芯片的微米级孔道结构,科学家们实现了微孔通道中液态待测组分的可控流动,该过程不仅可操作性强,而且试样消耗较小(皮升至纳升级)[94]。微流控芯片 SERS 基底则是将化学反应集成于微米尺度芯片内,且同时实现微量试样反应与原位光谱检测一体化的过程。这类基底通常可分为液态基底芯片和固态基底芯片[95]。液态基底芯片 SERS 基底通常是将贵金属纳米溶胶和探针分子直接通入微孔芯片通道中,通过电场[96]、磁场[97]来调控通道中纳米颗粒的聚集状态,进而获得显著增强的 SERS 信号。然而,待测组分与贵金属纳米颗粒的混合会造成分析物的污染,干扰随后的检测结果。此外,由于液体的流动性,纳米颗粒的分布和聚集程度也会影响液态基底芯片 SERS 基底的增强特性。而固态基底芯片 SERS 基底则是将特定形貌的贵金属纳米颗粒阵列原位生长或预先构筑于微流控微米通道中，有序排列的纳米间隙不仅提供了高密度的"热点"，而且显著改善了散射信号的均匀性。虽然固态基底芯片具有较大的比表面积，能吸附更多的待测组分，提高 SERS 基底的检测灵敏性，但通道中用以提供活性位点的表面化学修饰常带来额外的散射干扰，使得 SERS 图谱会出现难以判断的杂质峰。目前，微流控芯片作为高活性 SERS 基底仍存在一些缺陷与不足，如何结合并发挥微流控 SERS 基底的优势，实现高效的一体化原位反应检测，仍然需进一步的探索与努力。

3

高性能微纳结构SERS基底的构建

为了促进 SERS 技术的快速发展与实际应用，针对各种不同的需求来设计并构建形貌各异且功能丰富的增强基底一直是 SERS 研究领域最受关注的研究热点。对于理想的 SERS 基底而言，首先应具有高密度的"热点"。研究表明，SERS 基底表面的局域表面等离子体共振和高密度的"热点"是产生显著增强效应的核心所在。简而言之，设计并构建具有高密度"热点"的微纳米结构是筑造高性能 SERS 基底必经之路。

　　"热点"是相互靠近的贵金属纳米颗粒之间的隙缝处或者贵金属纳米颗粒上的尖端部分，其电磁场增强远高于周围其他部位的电磁场，从而获得极强的 SERS 信号，保证 SERS 基底具有较高的分析检测灵敏度。

　　通常，"热点"一般位于小于 10nm 的贵金属纳米结构间隙处，具有显著增强的局域电磁场。Stefan Facsko 等人在同一 Au 纳米基底上利用 SERS 信号的各向异性，证实了不同的间隙结构对于 SERS 基底活性的影响。结果表明在隙缝约为 5nm 时，得到的 SERS 信号远强于隙缝结构大于 20nm 的 SERS 基底信号。同时，有序贵金属纳米结构阵列的 SERS 活性显著高于同样间隙条件下的无序基底。FDTD 模拟结果表明，相邻纳米棒顶端之间约 2nm 宽的间隙内，具有强电磁场耦合产生的"热点"。而有序阵列结构的高增强因子正是源于这些密集分布的"热点"。

　　目前，比较常见的传统 SERS 基底有零维的(Zero Dimensional，0D)金银纳米团簇、纳米颗粒，一维的(One Dimensional，1D)金银纳米线、纳米棒以及二维的(Two Dimensional，2D)金银纳米片、粗糙表面等等。虽然它们均能提供一定的增强效应，满足一定的实际需求，但往往由于基底表面的"热点"密度低、均一性差而导致其分析测试结果不够理想。

　　近年来，设计并构建具有高密度"热点"的三维(Three Dimension，3D)微纳米结构 SERS 基底引起了人们极大的关注。与上述传统的 SERS 基质相比较，分层的 3D 微纳米结构 SERS 基底展现出了诸多独特的优势，例如，它能进一步扩大"热点"在第三维尺度上排列分布，显著地提高 3D 空间的"热点"密度。此外，分层的 3D 微纳米结构与无序的 1D、2D 贵金属纳米结构相比具有更高的比表面积，它能在分析测试中富集并吸附更多的探针分子，进一步地促进了探针分子的高灵敏检测。因此，借助微纳米技术来构建具有高密度"热点"的 3D 微纳米结构 SERS 基底，逐渐成为众多 SERS 领域中最具有研究价值的热点课题，它对于拓展 SERS 技术的研究范围和应用领域起着至关重要的作用。

随着微纳米技术的高速发展，目前已经涌现出了许多新的制备方法，并成功实现了各类 3D 微纳米结构 SERS 基底的制备。主要包括：纳米单元的大面积组装、基于分子桥联作用的结构控制、微纳米分级结构和分型结构的构建、纳米单元与模板支架的嫁接组合等等。在此我们简要地介绍几类典型的 3D 微纳米结构 SERS 基底的设计与构建方法。

3.1 贵金属纳米颗粒的多层组装

在固相基片表面，以组装好的单层贵金属纳米颗粒为基础可以进行再次的修饰与组装，进而实现贵金属纳米颗粒的多层组装。经过多次的组装与堆叠，可成功构筑具有高密度纳米隙缝结构的 3D SERS 基底。例如，在基片上沉积一层贵金属纳米颗粒以便形成 2D 增强基底，随后再将该 2D 基底浸入到双功能配体溶液中使得贵金属纳米颗粒表面修饰一层双功能的配体分子。所修饰的配体分子主要作为连接剂来促进贵金属纳米颗粒的再次吸附与组装，如此反复多次即可形成 3D 的多层组装结构。

Chu 等人[98]提出了一种简单高效的贵金属纳米棒蒸发−自组装法，并成功构建了 3D 等离子体超晶格阵列结构（见图 3−4）。该方法主要通过调控 Au 纳米棒和基底表面的相互作用来抑制"咖啡环效应"。例如，通过 24h 的温和搅拌使得 MUDOL 分子逐步置换 Au 纳米棒表面的 CTAB 分子，Au 纳米棒将由正电性（$\zeta = +36.0mV \pm 2.0mV$）逐渐转变为负电性（$-15.0mV \pm 1.5mV$）。实验中用于蒸发−自组装的 Au 纳米棒构造单元长 58.0nm，直径约 16.3nm，而所选用的基底为表面特性截然不同的单晶 Si 基底和 Si/SiO$_2$（300nm）热氧化基底，液滴滴加体积为 4μL，液滴浓度为 15nM。

如图 3−1 所示，在完全扭转液滴蒸发过程中的"咖啡环效应"后，一系列茂密的、规则的、有序排列的 Au 纳米棒开始相互叠加并自组装成宏观可见的 3D 等离子体超晶格阵列。根据基底的 3D 拉曼成像及 SEM 图像可知，自组装的超晶阵列具有高密度的"热点"且在 3D 空间均匀分布，进而实现了 MG 分子的高灵敏（10^{-10}M）、可重现性分析（Relative Standard Deviation，RSD = 7.2%）。

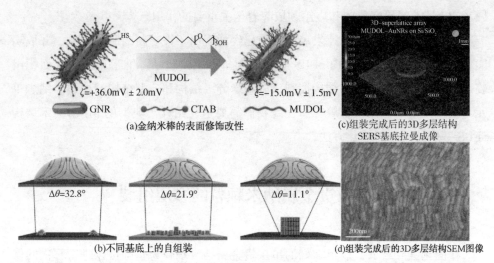

图 3-1　金纳米棒的多层组装[98]

3.2　固相阵列的分层组装(模板法)

固相阵列的多层级组装(模板法)主要依靠预先制备的阵列结构作为模板,然后在其表面通过物理或化学的手段沉积负载高密度的贵金属纳米颗粒。该方法可有效利用阵列结构分层的模板支架来促进贵金属纳米颗粒在 3D 空间内大量分布,从而获得高密度的 3D 分层"热点"。

目前,比较常用的模板支架主要有多孔阳极氧化铝(AAO)结构、氧化锌(ZnO)纳米阵列、二氧化钛(TiO_2)纳米阵列以及碳纳米管(CNTs)阵列等等。通常以这些阵列模板为主体结构去沉积、负载或修饰各类不同形貌和尺度的贵金属纳米颗粒,进而实现 3D 微纳米结构 SERS 基底的制备与调控。物理气相沉积法(Physical Vapor Deposition,PVD)、化学气相沉积法(Chemical Vapor Deposition,CVD)、电化学沉积法以及湿化学法是几类常用的并可与模板支架有机结合的制备方法。

Meng 等人[99]在 ITO 基底上通过电化学沉积法获得了 ZnO 纳米锥阵列结构,随后他们以此锥形阵列为模板,在 Au 包覆的条件下再次使用电化学沉积将 Ag 纳米片层结构组装于 ZnO 纳米锥阵列结构表面,结果如图 3-2 所示。值得注意的是,该过程同时牺牲了 ZnO 模板,因此获得了 ZnO 纳米管(中空结构)装配 Ag

纳米片的 3D 分层微纳米结构。由于该结构具有较高的比表面积和高密度的 3D "热点"，在进一步的分析测试中成功实现了痕量 R6G 分子(10^{-14}M)的分析检测。而在实际应用中，对具有高毒性的有机污染物多氯联苯(PCBs)也展现出较高的检测灵敏度(10^{-7}M)，并完成了复杂检测体系中两类 PCBs 同系物的快速识别与鉴定。分析结果显示，该类 3D 微纳米结构 SERS 基底在环境中痕量有机污染物的快速分析检测方面具有巨大的应用潜力。

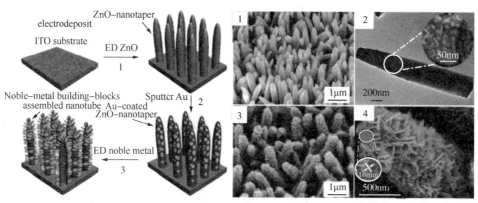

(a)基于锥形ZnO纳米棒阵列构建3D分层结构的原理图 (b)构建3D分层结构过程中各阶段中间产物的SEM图像

图 3-2　模板法构建 3D 分层阵列结构[99]

多孔微通道也常被用作构建 3D 分层 SERS 基底的模板支架，该结构最大的优势是阵列均匀分布，孔道内径精确调控。当孔道内径优化至纳米尺度范围内时（小于100nm），在其内壁负载具有 SERS 活性的 AuNPs 或 AgNPs 将会导致孔道内部形成高密度的 3D"热点"。而当大量的探针分子在贵金属纳米颗粒修饰后的纳米孔道限域空间内富集吸附时，在高密度 3D"热点"区域的增强作用下，将产生巨大的 SERS 增强效应。

Tsukruk 等人[100,101]以 AAO 为模板预先在孔道内修饰了特定的高聚物，随后利用该聚合物的化学特性吸附了大量聚集态的 AuNPs 和 Au 纳米棒（如图 3-3 所示）。特别的是他们利用负载 Au 后的孔道阵列实现了痕量爆炸物六亚甲基三过氧化二胺(HMTD)的快速检测，其检出限低至 2pg，且比传统的检测的方法低约三个数量级。

此外，采用电镀法亦可完成 AAO 纳米孔道中高度有序的纳米棒阵列结构的填充，随后利用刻蚀试剂将 AAO 模板刻蚀去除即可得到规则的纳米棒阵列结构。该方法制备 3D 阵列结构的主要优势是操作简便、成本较低且可控性强，所制备

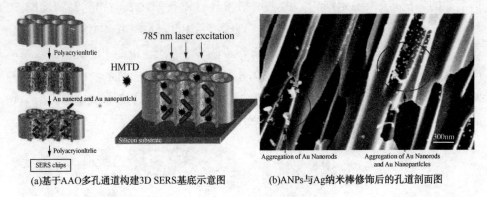

(a)基于AAO多孔通道构建3D SERS基底示意图   (b)ANPs与Ag纳米棒修饰后的孔道剖面图

图 3-3   基于 AAO 多孔通道构建 3D SERS 基底[100]

的阵列结构高度有序、均一性良好，且具有一定的周期性。

Tan 等人[102,103]非常巧妙地利用蝴蝶翅膀鳞片表面天然的 3D 微纳米结构为模板，通过化学镀(无电沉积)成功地制备了 Au、Ag、Pt、Pd、Cu、Co 和 Ni 七类仿生的金属蝴蝶翅膀复制品，并分别研究了它们各自的 SERS 增强特性(如图 3-4 所示)。这些"碟翅"基底通过 3D 仿生结构的各种纳米间隙和凸起构成了 3D 立体的"热点"，展现了良好的 SERS 增强效应和检测重现性。考虑到基底的性价比，该小组系统地研究了增强效果好且价格低廉的金属 Cu 蝴蝶翅片结构，并通过 FDTD 数值模拟分析了该结构，结果显示基底表面 SERS 增强"热点"主要来源于"碟翅"山脊表面"肋条"之间的纳米隙缝结构。

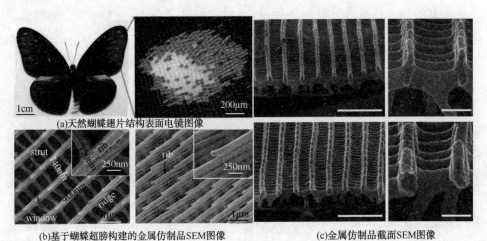

(a)天然蝴蝶翅片结构表面电镜图像

(b)基于蝴蝶超膀构建的金属仿制品SEM图像   (c)金属仿制品截面SEM图像

图 3-4   基于蝴蝶翅膀的 3D 有序结构 SERS 基底[102]

24

湿化学法可通过一些聚合物分子(如邻苯二甲酸二乙二醇二丙烯酸酯，PD-DA)将贵金属纳米颗粒快速黏结到模板支架表面。然而该方法常因引入高分子及其他有机试剂而导致基底表面涂覆有一层有机污染层。此外，采用旋涂法、沉积法或自组装法等均可将聚苯乙烯微球、二氧化硅微球以及四氧化三铁微球组装于固相基片表面，随后以此为模板在各类微球间隙中填充或加载贵金属纳米颗粒，填充完成后将微球去除即可在固相基片上获得一层 3D 有序的贵金属SERS 基底。

3.3 纳米光刻法

纳米光刻法是一种"自上而下"的制备方法，它包含有多种类型，其中最为常见的纳米光刻法为电子束刻蚀法，其最大的特点是所刻蚀的纳米结构尺寸精准，且方便可控(如图 3-5 所示)。

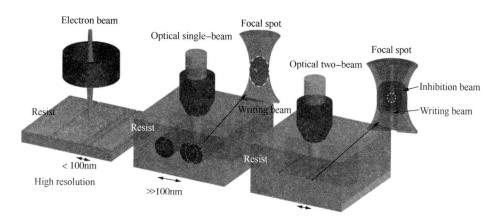

图 3-5　纳米光刻技术示意图[104]

以电子束刻蚀法制备 3D 分层 SERS 基底的流程通常如下：首先采用电子束刻蚀预先铺设好的基片，然后再利用氢氟酸对刻蚀后的基片进行腐蚀处理，随后将光刻材料去除并在此基础上气相沉积一层贵金属薄膜，所得到的基底即为连续的、高低不平的 3D 周期结构。除了电子束刻蚀法外，其他类型的纳米光刻法如一般光刻法、离子束刻蚀法等其制备流程和基本原理大致相同。

3.4　纳米压印技术

纳米压印技术就是将具有纳米凹凸图案的模具作为"印版"，用预先涂覆有聚合物涂层的硅片或玻璃片等作基板(被印物)，在相应设备的配合下通过精确压印并定型，随后再把模具与基板分离开来的过程(如图 3-6 所示)。

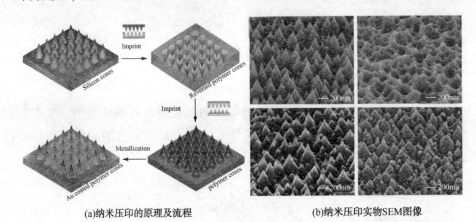

(a)纳米压印的原理及流程　　　　　　(b)纳米压印实物SEM图像

图 3-6　纳米压印技术示意[105]

分离后，存在于模具表面的纳米凹凸图案便准确无误地被转印到基板表面的聚合物涂层上。被转印出的图案与模具表面的凹凸图形大小相等，深浅一致，但形状正好相反。随后再与气相沉积如 PVD、CVD 或者原子层沉积(Atomic Layer Deposition，ALD)等技术相结合，在凹凸图案表面沉积一层贵金属薄膜，从而获得与印版相同或者互补的 SERS 活性基底。该方法可构造出凹凸大小、形状、间距及深度高度可控的有序贵金属纳米结构 SERS 基底，与传统的 SERS 基底相比较，其 SERS 增强效应显著提高，且分析结果重现性较好，特别适合于定量或半定量分析。

3.5　疏水界面的液滴蒸发

中国科学院合肥物质科学研究院智能机械研究所 Liu 和 Yang 等人[106]也提出了一种新的 3D"热点"构建法(如图 3-7 所示)。他们将一滴银溶胶液滴滴加于硅片表面，随着溶剂的不断蒸发，在每两个相邻的粒子之间都能产生独特的 3D 空间结构。而在该 3D 空间结构中，粒子间距均匀且与干态下有着显著不同的特性。此外，粒子在基底表面的静电吸附以及粒子间的相互作用也会衰减，这些特性都非常有利于 3D 空间"热点"的大量产生，进而发挥出其独特的 SERS 增强效应。

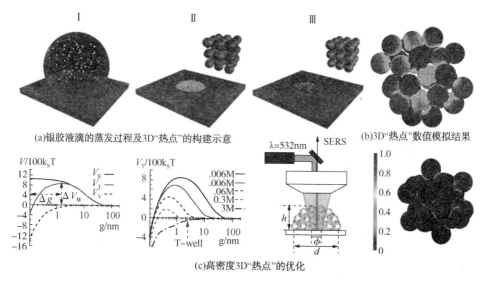

(a)银胶液滴的蒸发过程及3D"热点"的构建示意

(b)3D"热点"数值模拟结果

(c)高密度3D"热点"的优化

图 3-7　液滴蒸发法构建高密度的 3D"热点"[106]

　　该方法所构建的 3D 空间"热点"不仅能产生巨大的拉曼增强效应，使得待测物的分析检测极限较干态下提高了至少两个数量级，也为限域空间内待测物分子的捕获提供了有利的结构。即便在单分子检测条件下，依附所构建的 3D"热点"矩阵也能产生明显的拉曼增强光谱。

　　同时，Liu 等人还发现疏水界面上产生的 3D 空间"热点"比亲水界面上所产生的"热点"拥有更高的灵敏度和更好的稳定性。随后，他们进一步通过原位同步辐射小角 X 射线衍射对这一特殊实验现象可能存在的机理进行了探索研究。该 3D"热点"矩阵的出现克服了 SERS 技术长期以来对不同基底和不同分析物难以实现超灵敏检测的缺点，使 SERS 技术逐渐成为一种可实际应用的优势分析方法。

　　总之，构建具有高密度"热点"的 3D 微纳米结构 SERS 基底的方法很多，但各类方法都有其独特的优势，也存在一些短板和不足。一些小众的方法，如采用静电引力作用的 DNA 双螺旋结构、导电高分子模板(如聚苯胺、聚吡咯)等也能实现增强基底的构建。重要的是，通过这些构建方法的开发、基底增强机理的探索以及增强效应的优化都将促进 SERS 技术的实际应用，使其成为一种具有实用价值的光谱分析技术。

4

高性能微纳结构SERS基底的应用

由于拉曼光谱所提供的信息为分子的振动或转动模式，因此研究人员可从 SERS 光谱中获得分子结构方面的指纹图谱，进而实现未知组分的鉴定。例如，通过 SERS 技术检测化学反应过程的不稳定中间体和最终产物可推测化学反应机理。SERS 技术也能用来研究分子的吸附动力学，利用所测量 SERS 谱峰强度随时间的变化，能得到吸附速率常数等相关实验数据。简而言之，SERS 技术可快速实现复杂体系下各类痕量待测组分的分析检测，在分析化学、催化科学、纳米技术等领域有着广阔的应用空间。

4.1 环境监测与公共安全

持久性有机污染物(Persistent Organic Pollutants，POPs)是一种典型的环境污染源，它在自然界中分布广泛并引发了一系列的危害。近年来，科研工作者一直致力于高效、便捷、准确地检测环境中存在的各类危害性有机污染物。由于具有高灵敏度、高选择性和抗干扰性等特点，SERS 技术逐渐受到了科研人员的青睐。

目前，已经有诸多研究团队先后报道了利用所制备的 3D 微纳米结构 SERS 基底来监控并评估环境中可能存在的各类 POPs。如 Meng 等人[107]绿色地合成了一种 3D 多孔且高度有序的 Au@Ag 核壳纳米棒阵列(如图 4-1 所示)。这种独特的 3D 阵列结构 SERS 基底不仅能探测常见的 R6G 探针分子，同时也成功地实现了有机污染物多氯联苯(PCBs)的分析检测。在进一步地优化与修饰后，所制备的 3D 基底高效地俘获了更多的 PCBs 分子，并实现了 PCBs 的快速定量检测，其检测限约为 $5.35×10^{-7}M$。该研究工作为环境中 PCBs 分子以及其他 POPs 的定性或定量检测提供了一种新思路。

Wang 等人[108]开发出一种 Ag 纳米管阵列结构，该阵列高约 $10\mu m$，管道直径 80nm，管壁厚 12nm(如图 4-2 所示)。随后他们巧妙地利用对巯基苯胺(p-ABT)与三硝基甲苯(TNT)之间的配位作用成功实现了 TNT 的超灵敏检测(其检测极限低至 $1.5×10^{-17}M$)。这类新型的 3D 阵列结构与拉曼光谱相结合，克服了常规拉曼技术仅适用于分析纯品或简单化合物的应用局限，在毒品、炸药以及环境污染物的分析检测中发挥了巨大作用。

近年来，因违规添加各类非法、毒害的添加剂而导致食品、药品安全问题频频发生，如何检测并监管这些危害成分自然受到人们的高度关注。然而，现有的

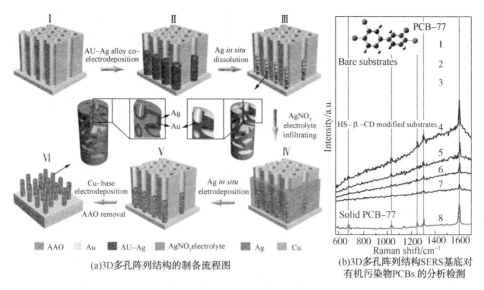

(a)3D多孔阵列结构的制备流程图

(b)3D多孔阵列结构SERS基底对
有机污染物PCBs.的分析检测

图 4-1　多孔有序阵列结构的应用[107]

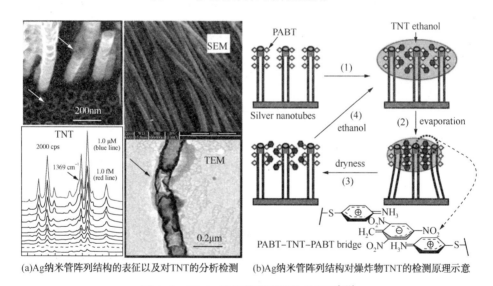

(a)Ag纳米管阵列结构的表征以及对TNT的分析检测

(b)Ag纳米管阵列结构对爆炸物TNT的检测原理示意

图 4-2　3D Ag 纳米管阵列结构的应用[108]

检测方法无法快速实现食品、药品中微量或痕量违禁成分的高效、准确的定量分析。作为一种高灵敏度的光谱分析法，SERS 技术能直接分析待测食品、药品中可能存在的非法添加物，并且逐渐发展成食品药品监管领域非常重要的检测手段之一。

如 Meng 和 Li 等人[109]成功制备了 AgNPs 修饰的 3D 驼峰状聚丙烯腈阵列结

构(如图4-3所示)。由于基底被设计成 3D 微纳米结构阵列支架，且在负载 AgNPs 后具有高密度的 3D"热点"，因此，复合后的 3D 微纳米基底 SERS 增强性能大为改善。拉曼测试结果显示，该基底分别完成了对 TNT 和 PCBs 的分析检测，其检出限依次为 10^{-12}M 和 10^{-5}M。此外，该 3D 微纳米 SERS 基底亦可直接实现苹果表面痕量甲基对硫磷的定性与定量检测，其检测能力低至 $0.66\mu g \cdot cm^{-2}$，远低于国家标准的最高残留限量。

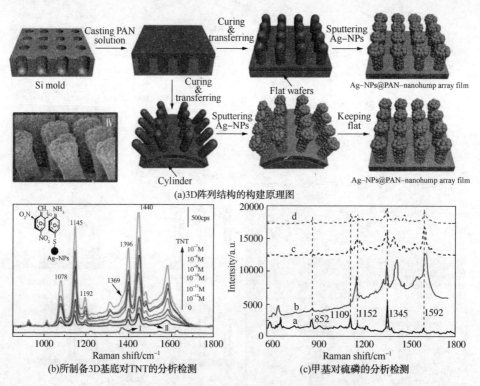

(a)3D阵列结构的构建原理图

(b)所制备3D基底对TNT的分析检测

(c)甲基对硫磷的分析检测

图4-3　3D 驼峰状聚丙烯腈阵列结构的应用[109]

4.2　疾病诊断

　　SERS 技术因具有灵敏度高、特异性强、不受水的干扰等优势，高度吻合了医疗诊断中待测物组分浓度低、水分重以及样品成分复杂的特点，并逐渐成为生物医学研究领域最受关注的光谱分析技术之一。

　　根据待测物质种类的不同，SERS 技术与 3D 微纳米基底在医疗诊断方面的应用可粗略地分为以下四类：第一类为生物小分子的检测，如葡萄糖、氨基酸、蛋白质、胆红素、碱基以及各种致病病原体、抗原等等；第二类为 DNA 序列的分析与检测；第三类为与免疫相关的检测；第四类为细菌、细胞、病毒等方面的检测。

前列腺特异性抗原（Prostate Specific Antigen，PSA）是前列腺癌的最佳标志物，主要用于前列腺癌的早期诊断、评估以及病情监测。El-Sayed 等人[110]设计并构建了金纳米颗粒修饰的 3D 结构 Au@SiO$_2$纳米花（如图 4-4 所示），随后将所制备的微纳米结构发展成一个理想的拉曼测试平台并实现了 PSA 的分析检测。分析结果表明，在无任何标记物的情况下，测试平台对血清中 PSA 的检测极限低至 2.5ng·mL^{-1}，且在复杂环境中依然具有较高的灵敏度和重现性。该研究构建了一类新颖的 3D 微纳米 SERS 基底，为癌症的早期诊断提供了一个超灵敏的分析测试平台（直接快速检测血清样本中癌症标记蛋白）。

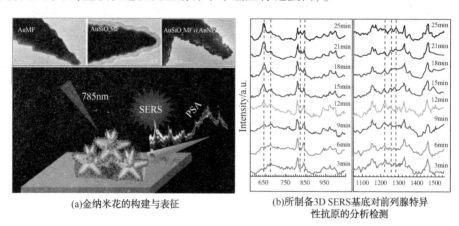

(a)金纳米花的构建与表征　　(b)所制备 3D SERS 基底对前列腺特异性抗原的分析检测

图 4-4　3D 金纳米花微纳米结构在生物方面的应用[110]

4.3　文物鉴定与修复

拉曼光谱的显著特点在于制样简单、对测试样品无创伤，同时样品需求量小，检测结果不依赖于激发光波长的选择。SERS 技术除了具备上述特性外，还具有灵敏度高、分辨率大、特异性强等特点，这些特点使得它在艺术品鉴赏、考古研究、文物鉴定与修复以及其他相关领域有着良好的应用前景。

对艺术品的鉴定一般有两类检测方式。一种是直接检测法，即将透明的柔性

SERS 基底直接黏附在待测样品表面，随后采用拉曼光谱仪对其进行直接检测。另一种是间接检测法，即在待测样品表面采集少许待测物组分，然后将其均匀分散到 SERS 基底表面并进行检测。图 4-5 为分别采用两类方式对古油画表面靛蓝和普鲁士蓝的鉴别及无损检测，该检测过程快速、方便，且成本低廉，非常适合于现场原位分析。

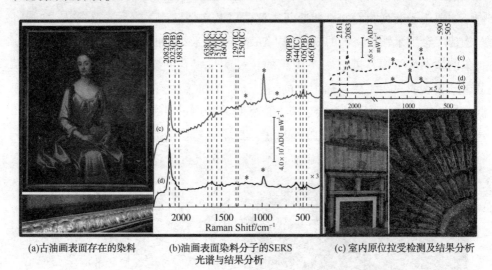

(a)古油画表面存在的染料　　(b)油画表面染料分子的SERS　　(c)室内原位拉受检测及结果分析
光谱与结果分析

图 4-5　SERS 技术对古油画的鉴定与修复[111]

4.4　反应监测

具有独特催化活性的过渡金属如 Pt、Pd 等在催化、传感及化工领域具有重大的应用价值。然而，将它们直接制作成 SERS 基底材料其增强效果往往不尽人意。为此，研究人员设想将其与 SERS 活性较高的 Au、Ag 等贵金属相互融合，进而获得既具有催化功能，又具有较强 SERS 增强效应的多功能合金 SERS 基底。

Xie 等人[112]采用多步沉积和置换法灵活地构建了 3D 山莓状的 Au-Pt-Au 多层核壳纳米结构，该结构具有二元合金组分，同时兼备 SERS 增强效应和催化功能。重要的是，他们利用所制备的 3D 微纳米结构原位监测了 4-NTP 转化成 4-ATP 的催化反应过程，并系统地研究了其催化反应动力学。

此外，Xie 等人[113]进一步利用 SHINERS(Shell-isolated Nanoparticle Enhanced Raman Scattering)粒子为模板支架，在表面改性后快速地修饰负载了高密度的

AuNPs，进而构建了 3D 的 Au-SiO$_2$-Au 卫星结构[如图 4-6(a)所示]。而所制备的多功能 3D 微纳米结构 SERS 基底成功实现了 4-NTP 过渡到 4-ATP 的原位反应监测[如图 4-6(b)所示]。分析结果表明，3D 微纳米结构 SERS 基底在提高催化效率、监测动态反应等方面发挥了重要作用。

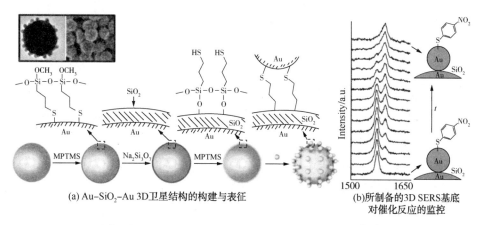

(a) Au-SiO$_2$-Au 3D 卫星结构的构建与表征

(b)所制备的3D SERS基底对催化反应的监控

图 4-6　3D 卫星结构 SERS 基底对催化反应的监控[113]

4.5　食品安全检测

　　科技在高速发展，食品安全事件依然频频出现。国家食药总局报告数据显示，我国每年立案查处的问题食品案件高达数万起，食品安全保障被再次提上日程。一些不法商家为提高产品的产量或销量，在生产及加工过程中肆意添加各类毒害物质，如三聚氰胺、苏丹红、孔雀石绿、结晶紫、福美双等。这些非法添加剂给食品安全保障及人民群众的生活、健康带来了巨大的威胁。例如，2008 年 9 月我国爆发了奶制品污染事件(即三聚氰胺中毒事件)。针对这些事件，科研人员一直在思考如何在检测质量、检测成本、操作便捷程度上找到最佳平衡点，缩短食品安全检测时间，降低执法成本，实现高效快速的监督机制。目前，常规的色谱法、质谱法、荧光法等检测方法已经具备较高的分析检测灵敏度，但尚存在前处理过程复杂、检测时间长、仪器昂贵、无法快速实现现场实时分析的弊端。SERS 检测技术因其快速、简便，且具备现场实时传感等特性，使其有望弥补上述传统方法的缺陷。近年来，采用 SERS 技术快速实现各类食品中痕量危害组分定性或定量分析的研究报道呈逐年上升趋势，相关研究不仅为企业提供了更准确、更快速、更便捷的检测方法及产品，同时亦保障了执法部门逐步具备高效、低成本、多维度的监管手段，现分类列举如下。

4.5.1 食品添加剂的检测

Mecker 等人[114]采用柠檬酸钠包覆的金纳米颗粒作为 SERS 基底，发展了一种全新的三聚氰胺现场检测法。该方法以异丙醇为提取溶剂，可消除基质对 SERS 基底增强信号的干扰。这类含有异丙醇的金纳米颗粒 SERS 基底能使三聚氰胺的拉曼散射信号增强约 10^5 倍，同时还可实现婴幼儿配方奶粉、乳糖、乳清蛋白、麦麸和小麦面筋中三聚氰胺的快速检测，其检出限低至 $100 \sim 200 mg/L$。

Jahn 等人[115]利用表面修饰改性的 Ag 纳米颗粒作为高活性 SERS 基底，成功实现了食品中的苏丹红的快速检测。该研究通过在高活性 SERS 基底表面组装一层亲脂性分子(含巯基基团，对贵金属表面具有高亲和性)，进而形成疏水单层，在随后的分析测试中，疏水单层较易吸附待测液中不溶于水的有机分子(如苏丹红等)，从而克服水环境体系下有机偶氮染料苏丹红的检测局限。研究结果表明，该方法对水系中苏丹红染料的检出限低至 $3.2 \mu mol/L$，对辣椒粉中苏丹红染料的检出限约为 $9.0 \mu mol/L$。Xiong 等人[116]成功将金纳米颗粒(AuNPs)负载于纳米原纤化纤维素(NFC)表面，并以此作为活性 SERS 基底，实现了牛奶试样中三聚氰胺的超灵敏检测，且对液态奶中三聚氰胺的检出限低至 $1 ppm$($1 ppm = 10^{-6}$，该三聚氰胺的检出限符合世界卫生组织设定的食品安全标准)。基于该基底的 SERS 分析方法不仅可用于奶制品中快速筛查，亦可广泛应用于其他食品安全监测领域。

Lin 等人[117]发展了一种简单、高效、且易于操作的 SERS 基底，实现了辣椒粉中罗丹明 B 色素的快速、高灵敏检测。该研究采用柠檬酸钠还原硝酸银，制备银纳米胶体。随后通过滤纸浸入并提取银纳米胶体与二氯甲烷油-液界面处所形成的银纳米颗粒薄膜，从而使得银纳米颗粒自组装于滤纸表面。通过溶解、超声、离心等操作后，可将辣椒粉中所提取的色素滴加到预先制备的纸基 SERS 基底表面。在进行拉曼检测时，该 SERS 基底对每克辣椒粉中罗丹明 B 色素的检出限低至 $10^{-6} g$。且在 $10^{-2} \sim 10^{-6} g$ 浓度范围内，罗丹明 B 色素的浓度与特征拉曼峰的强度遵循一定的函数关系。此外，采用该方法进行定量分析时，其回收率为 $96.4\% \sim 108.9\%$。

4.5.2　农药/兽药残留的检测

Liao 等人[118]利用喷墨打印法将金纳米颗粒原位生长于普通商用打印纸表面，并快速实现了对孔雀石绿(MG)和异菌脲(一种广谱性杀菌剂，可防治多种病害，尤其对葡萄孢属、链孢霉属、核盘菌属、伏革菌属引起的农作物病害具有较好的效果)的高灵敏检测。进一步研究表明，直接利用该纸质 SERS 基底擦拭柑橘，可实现果皮表面异菌脲农药残余的高效检测，且检测限低至 10mmol/L，远小于国家有关部门规定的异菌脲最大残余标准。同样，Müller 等人[119]也利用 SERS 基底成功检测到柑橘、香蕉等果皮表面残留的噻苯咪唑杀菌剂。研究结果表明，本实验中所采购的香蕉试样其噻苯咪唑残留量均在安全范围内，而柑橘试样的残留量则严重超标(检出量为 78mg/kg)。

赵琦等人[120]通过 SERS 检测技术实现了苹果果皮表面有机农残的定性及定量分析。该研究结果表明 SERS 检测法具有无损、高效、快速等特点，在定性分析中对苹果表面的马拉硫磷和二嗪农具有较高的检测灵敏度、准确性及可行性。此外，Fan 等人[121]通过真空沉积技术构建了一类砂纸型 SERS 增强基底。该基底表面镀有高密度的银纳米颗粒或银膜，通过擦拭水果表面即可完成农残的富集，进一步可用于果皮表面农药残留的直接分析。分析表明，利用该方法分析检测农药残留，具有方便快捷、价格低廉、重复性好等优点。

4.5.3　水产品防腐剂的检测

Chen 等人[122]成功构筑了直立的金纳米棒阵列，并将其作为高活性的 SERS 增强基底分别实现了鱼体表面和水溶液中孔雀石绿(MG)、结晶紫(CV)的超灵敏检测。研究结果表明，该分析方法不仅能快速分析检测单一组分的 MG 或 CV，还可实现其混合物的一体化检测，且检出限均为 1mg/L。马海宽等人[123]将静电富集(EP)与表面增强拉曼散射(SERS)技术相结合，实现了水环境中磺胺甲基嘧啶、阿米卡星、恩诺沙星和环丙沙星的高效富集和快速痕量检测。结果表明，该方法对四种抗生素的最低检出浓度均小于 10^{-7}mol/L。

4.6　水体污染物的检测

随着经济的发展，环境污染日益严重，水体和土壤中残存的苯系有机物和重金属离子(如汞、铅等)严重威胁着人类的健康。Eshkeiti 等人[124]在硅片表面"印刷"了一层直径 140nm 的 Ag 纳米颗粒,并以此作为可用于危害组分分析检测的高灵敏 SERS 基底。分析表明,该新型 SERS 基底在重金属离子检测方面具有显著优势,且同样适用于复杂环境体系中苯系有机物的快速检测。

Qu 等人[125]将制备好的金、银纳米颗粒溶胶混合、离心、增加黏度后,通过丝网印刷法印制于试纸特定区域,构成了金-银(Au-Ag)双金属复合增强检测点,实现了污水中芳香族有机污染物的灵敏检测。该试纸具备制备简便、成本低、重现性好等优点。整个检测点与样品注射区域为哑铃状,中间由微通道相连接。当待测污水被注入注射区域时,液体在毛细作用下会扩散至检测点,并与 Au-Ag 双金属相接触。在 Au-Ag 双金属复合增强场下,污水试样中芳香族有机污染物的拉曼信号得到显著增强,从而实现超灵敏检测。例如,采用该方法及 SERS 技术,研究人员完成了二氨基联苯、邻苯二酚、苯胺及对氨基苯甲酸四类污染物的分析检测,且检测限分别为 $8.3×10^{-9}$ mol/L、$1.0×10^{-8}$ mol/L、$7.4×10^{-8}$ mol/L、$8.8×10^{-8}$ mol/L。进一步分析表明,污染物的特征拉曼散射与待测试样浓度在某一范围内呈现良好的线性关系。该线性关系可用于污水中待测组分的定量检测。

Eshkeiti 等人[126]采用凹版印刷法将高 SERS 活性的银纳米颗粒印制于 NB-RC3GB120 型纸张(三菱集团制造)表面,在纸张干燥后裁剪成大小均一的纸基 SERS 基底并用于硫化汞的快速分析检测。进一步的研究结果表明,银纳米颗粒双层印制的纸基 SERS 基底其拉曼增强效应显著优于单层印制的基底(拉曼增强因子提高 5 个数量级)。

4.7 生物研究

4.7.1 病菌检测

食源性疾病是指人类通过摄取食物而进入体内的有毒有害物质等致病因子所造成的疾病。它是一种涵盖范围极为广泛的疾病,且在世界范围内均是一个日益严重的公共卫生问题。常见的食源性致病菌主要有鼠伤寒沙门氏菌、金黄色葡萄球菌、福氏志贺氏菌、大肠杆菌 O157:H7、李斯特菌以及布鲁氏菌等,这些致病菌通过污染水源和食物，进而引发人类的食源性疾病。目前，针对上述食源性致病菌的分析检测主要基于微生物形态学。但该方法存在操作烦琐、耗时长等缺点，且不适用于现场检测。Xu 等人[127]研究发现细菌细胞膜表面存在大量可用作细菌快速识别与鉴定的生化物质，并利用 SERS 技术分别对临床病人和环境中所分离获取的 4 类基因型 7 株副溶血弧菌进行了鉴定分析，研究结果表明每株细菌均有区别于其他菌株的特征散射峰，且在单菌种试样和多菌种混合样中均可获得良好的鉴定结果。

Wu 等人[128]利用 SERS 标记检测原理，开发出一种基于适配体识别的磁性辅助 SERS 生物传感器，与常规拉曼检测技术（对金黄色葡萄球菌的检出限为 10cells/mL）相比较，该 SERS 传感检测法具有更高的检测灵敏度，可实现金黄色葡萄球菌的单细胞检测。

Wang 等人[129]将万古霉素修饰改性的 $Fe_3O_4@Ag$ 纳米磁珠和高活性的等离子体激元 $Au@Ag$ 纳米颗粒联合使用，发展出一种可快速检测多类致病菌的 SERS 生物传感器。该传感检测体系将修饰改性的 $Fe_3O_4@Ag$ 纳米磁珠作为细菌捕捉工具，用磁场来分离复合的纳米磁珠/细菌复合物。随后，将 $Au@Ag$ 纳米颗粒分散于磁珠/细菌复合物表面，通过 $Fe_3O_4@Ag$ 纳米磁珠和 $Au@Ag$ 纳米颗粒的协同增强作用，使得待测致病菌 SERS 信号获得显著增强（基于此双重增强策略，可提高细菌检测的灵敏度与重现性）。研究结果显示，该方法耐受 pH 值范围广（pH 3.0~11.0）、检测时间短（30min）、选择性高，且检出限低至 $5×10^2$ cells/mL。此外，将化学反应制备的 AuNPs 试纸作为基底，可以进行人体传染性角膜结膜炎的检测。

4.7.2 真菌毒素检测

真菌毒素是产毒真菌产生的次级代谢产物，它具有极强的毒性和致癌、致畸、致突变作用，是世界各地食品和农产品的主要污染源之一。目前，常见的真菌毒素主要包括黄曲霉毒素、展青霉素、伏马菌素、赭曲霉毒素 A 等。研究表明，真菌毒素会通过被污染的谷物、饲料和由这些饲料喂养的动物性食品进入食物链，对人畜的健康造成极大威胁。因此，建立快速高效、经济灵敏的检测方法已成为当前的研究重点。李琴等人[130]构建了基于适配体识别和磁分离辅助的新型 SERS 传感器，并用于黄曲霉毒素 B_1（AFB_1）的快速检测，该传感器的检出限为 0.4pg/mL（主要通过磁珠组装构建的检测探针和 SERS 标记探针共同竞争

AFB$_1$，根据标记探针的 SERS 强度变化实现 AFB$_1$的快速检测）。

4.7.3 生物大分子

生物大分子是指生物体细胞内存在的蛋白质、核酸、多糖等大分子。每个生物大分子内含有数千到数十万个原子，分子量从几万到百万以上。生物大分子通常结构很复杂，但其基本结构单元却并不复杂。例如，蛋白质分子是由氨基酸分子以一定的顺序排列成的长链，氨基酸分子则是大部分生命物质的组成材料。研究生物大分子的提取、组成、化学性质，并对其进行结构分析，进而用以阐明生命的奥秘一直是当前生命科学领域的重要研究课题。分析结果显示，应用激光拉曼光谱仪来研究生物大分子，不仅能获得其相关组分的结构信息，还能在正常的生理条件下或相似的条件下跟踪生物大分子的结构演变过程、比较各相结构差异，这是其他传统分析仪器无法满足的。最近研究表明，基于 SERS 基底的表面增强拉曼散射技术，在生物分子的结构研究和构象分析方面发挥着越来越重要的作用。例如，研究人员利用 SERS 技术成功监测到生物大分子特殊基团（如氨基酸中的氨基、羧基、芳环等）与界面的相互作用、金属表面生物大分子的键合形式、DNA 或 RNA 在银胶表面的吸附状态等。

Cheng 等人[131]利用银镜反应将 AgNPs 沉积于滤纸/试纸表面，并作为 SERS 基底实现了酪氨酸的超灵敏检测。利用该纸基 SERS 基底对酪氨酸进行分析检测，结果展现出良好的选择性，且复杂体系中具有相似结构的氨基酸（如甘氨酸、精氨酸、蛋氨酸、苯丙氨酸、色氨酸等）对检测结果亦无任何影响。与玻璃基 SERS 基底相比价，该纸基 SERS 基底具有较好的分析检测重现性，且增强活性提高了约 50 倍。对酪氨酸的分析测试中，其检测限低至 625nmol/L，线性范围上限高达 100μmol/L。

4.7.4 生物传感

近年来，生物分子标记、探测及生物传感等领域的探索逐渐成为新的研究热点，其中特别引人注目的是纳米材料与生物分子标记技术的协同应用。Etchegoin 等人[132]报道了 SERS 检测在超灵敏示踪探测方面的新进展，通过非共振 SERS 技术实现了待测组分阿摩尔（10^{-18}mol）浓度的化学描记。

4.8 医学研究

4.8.1 医学成像

近年来，拉曼成像(Raman Imaging 或 Raman Mapping)技术因其独特的优势而受到了研究人员广泛的关注。拉曼成像是一种强有力的技术，它基于样品的拉曼光谱生成详细的化学图像，在图像的每一个像元上，都对应采集了一条完整的拉曼光谱，然后把这些光谱集成在一起，就产生了一幅反映材料的成分和结构的伪彩图像。通过集成大尺度、多采集点的拉曼光谱数据，拉曼成像得到的已经不只是一幅简单的光谱图，而是对一个选定区域整体的、统计的描述。它所呈现出来的伪色图像，能够直接地反映样品内目标物的分布、浓度，并能实现对目标物的实时监测。基于表面增强拉曼光谱(Surface-enhanced Raman Spectroscopy，简称 SERS)的拉曼成像技术随之出现，它继承了拉曼成像的诸多优点，并提高了信号强度，从而缩短了成像时间，使得其在生物影像分析中定位病变细胞、组织等成为可能。

SERS 是一种非常理想的无标记探测手段，广泛应用于化学和生物分子成像领域。无标记成像是将样品分子吸附于 SERS 基底的"热点"区域，借助 SERS 基底的增强作用，提高样品的拉曼散射强度。SERS 活性金属纳米粒子分散体系稳定性较差，容易团聚，而贵金属纳米阵列尚无盐诱导团聚的趋势，且稳定性较好，是无标记成像较为理想的基底。

Manfaitm 等人[133]早在 20 世纪 90 年代就将银胶引入活细胞内，利用 SERS 效应及成像监测药物在细胞内的分布，并进一步研究抗肿瘤药物与癌细胞的相互作用。

Liu 等人[134]利用软刻蚀技术构造了可用于无标记 SERS 成像的纳米阵列结构。研究人员预先在硅基底表面刻蚀出具有纳米图案的母版，在对其表面改性后将聚二甲基硅氧烷(PDMS)附着于母版表面，即在 PDMS 上刻蚀出具有图案的纳米凸起结构。随后将银纳米颗粒均匀负载于纳米凸起结构表面，在与玻璃微通道相组合后即可得到可用于无标记探测生物分子的阵列 SERS 基底。将待测生物分子引入微通道内，在通道间隙银纳米颗粒局域表面等离子体共振作用下，待测生物分子的拉曼信号得到显著增强，进而可获得探针分子的表面分布 SERS 成像。Efrima 等人[135]利用共同孵育法将银胶纳米颗粒导入埃希氏细菌细胞内，银纳米颗粒选择性地分布在埃希氏细菌内部。通过拉曼光谱或 SERS 成像技术可观测细菌细胞壁和细胞膜上不同生化组分的分布，如多聚糖、缩氨酸等等。

4.8.2 医疗诊断

癌症是目前威胁人类健康的最大杀手之一。据世界卫生组织统计，全球每年有数千万人被诊断为癌症。由于癌症晚期治愈率微乎其微，因此，早期发现、早期治疗是提高癌症患者存活率的最优方式。组织病理学检查是一种传统的癌症筛查法，它需要从患者体内取出活体组织进行观察（主要是观察细胞的形态和结构），进而判断是否存在癌变。该方法较为烦琐、耗时长，且对患者存在一定损伤，难以实现癌症的早期无损诊断。最近研究表明，SERS 技术因其独特的无损检测、高灵敏指纹识别等特征，为癌症的预防与诊断提供了新思路。该方法不仅能给出癌细胞分子层面的信息，且能有效原位监控癌细胞的增殖与转移过程。

Liu 等人[136]采用浸泡法制备出金纳米棒/滤纸型 SERS 基底，并实现了口腔癌细胞的筛查。与正常细胞相比，癌细胞的脂质特性损失导致其在 $1440cm^{-1}$ 处的特征散射强度相对较弱。选取特征散射峰的强度比作为定量指标，研究发现 $1600cm^{-1}$ 与 $1400cm^{-1}$ 处的特征峰强度比，以及 $1400cm^{-1}$ 与 $1340cm^{-1}$ 处的特征峰强度比可有效地将癌细胞与正常细胞区分开来，其灵敏度为 100%，特异性为 100%。该方法为口腔癌症的筛查提供了一种快捷、简单、高性价比、非侵入式的筛查方法。

封昭等人[137]利用化学还原法成功制备出高 SERS 活性的金、银纳米颗粒，并将金纳米颗粒（或银纳米颗粒）与 4-巯基苯甲酸（4-MBA）和前列腺特异性抗体（Anti-PSA）相互链接制备出免疫探针。而在硅片表面原位生长金纳米颗粒（或银纳米颗粒）后与 Anti-PSA 链接，可制备免疫基底。进一步研究表明，免疫探针、免疫基底及 PSA 可快速组成三明治结构，并可用于前列腺癌的早期筛查与诊断（对 PSA 的检测灵敏度低至 1.8fg/mL，$1fg = 10^{-14}g$）。Liu 等[138]通过种子生长法制备出金纳米棒，在去除过量的十六烷基三甲基溴化铵（CTAB）后将滤纸浸泡其中以形成金纳米棒纸质基底。研究表明该金纳米棒纸质 SERS 基底具有良好的检测灵敏度且价格低廉、生物相容性好，有望应用于癌细胞的早期筛查。

Torul 等[139]通过一种简单的纸质芯片检测血糖，由于毛细作用，微流体通道可提供一定的动力使得血细胞和蛋白等滞留在通道上，而糖类等小分子物质可迅速到达检测点。该方法与葡萄糖氧化酶检测方法相比，结果更稳定，使用也更方便。血液中原有的尿酸、多巴胺、抗坏血酸等小分子物质对检测的干扰分别为5.10%、2.49%和2.39%。

Park 等人[140]则将预处理的试纸与 Schirmer 试纸结合起来，制备出一种可直接用于尿酸检测的新型试纸，该试纸对尿酸的定量检测范围为 25～150μmol/L，且修正后的数据可为痛风性关节炎的诊断提供依据。

Kim 等人[141]将三种结膜炎患者(腺病毒性角膜结膜炎患者、单纯疱疹性角膜炎患者和眼带状疱疹患者)的泪液进行收集、离心、静置和冷藏处理后，进行了拉曼分析。通过对光谱信号进行二次处理，借助主成分分析算法与支持向量机，可分辨出患者的疾病类型。该方法不需任何标记和化学修饰即可完成对泪液的分析，为其他疾病类型的鉴别和早期诊断提供了思路。Li 等人[142]基于 SERS 标记原理开发出一种结合 SERS 技术的超灵敏竞争性免疫色谱检测法(ICA)，并成功用于动物组织和尿液中呋喃它酮代谢物(AMOZ)的分析检测。该方法具有检测时间短(15min 内)、检测灵敏度高(检出限低至 0.28pg/mL，$1pg = 10^{-12}g$)等优点，并逐步在疾病诊疗领域得到了推广应用。

4.8.3 药学研究

在医学研究方面，SERS 具有更加独特的优势，如非破坏性无损检测、指纹式高分辨能力，且适合于含水试样分析等等，进而在样品选择性激发、信号收集等方面展现出良好的应用前景。例如，在抗肿瘤药物、药物分子与 DNA 相互作用等方面，SERS 分析显示出明显的优势，在合适的检测情况下，甚至可获得抗肿瘤药物完整的振动模式。

此外，纸基 SERS 基底也可用于药物成分的分析检测，在伪劣中药鉴定、疾病的诊断等方面发挥出重要作用。李晓等人[143]将普通滤纸条浸泡于预先调制的银纳米颗粒胶体中，成功构筑了可用于快速分析检测主药中主要有效成分的银胶滤纸条 SERS 基底。进一步研究表明，与强主药相比，弱主药中主要成分的拉曼散射信号几乎完全为辅料所覆盖，难以获得明显的特征拉曼光谱。为了获得上述主药成分的 SERS 信息，研究人员通过对弱主药进行研磨、溶解、离心等操作，实现了主药成分的 SERS 表达。该方法简便、快捷，且准确性高、重复性好，其RSD 可低至 1.9%。

李丹等人[144]将预先裁剪好的滤纸置于特制的银胶溶液中浸泡两天，后处理后即可获得可方便使用的高活性纸基 SERS 基底。研究表明，该纸基 SERS 基底以 25% 的乙醇作为润湿剂，在擦拭被甲基红、碱性品红、对氨基偶氮苯等染料污染的药材后，可成功获得伪劣中药材表面低浓度染料的拉曼散射信号（如红花药材拉曼光谱图中位于 $1268cm^{-1}$ 处的特征拉曼散射），且其质量浓度低至 $10^{-5}kg/L$。

Mehn 等人[145]将滤纸条分别浸泡于预先制备的纳米金球和纳米金星胶体中两天，经过漂洗、干燥后可获得表面载有金球、金星的纸基 SERS 基底。该纸基 SERS 基底制备简单、使用方便，且可快速实现阿扑吗啡（一种用于治疗帕金森综合征的药物）及其氧化物的高灵敏检测。

4.8.4 DNA 检测

Yang 等人[146]开发出一种以 $CoFe_2O_4@Ag$ 核壳结构纳米颗粒为磁性基底的 SERS 传感器，该 SERS 传感器主要由巯基修饰的单链 DNA（SSDNA）、单壁碳纳米管（SWCNT）及 $CoFe_2O_4@Ag$ 核壳结构纳米颗粒三部分组成。若以 $CoFe_2O_4@Ag$ 纳米颗粒为增强基底，单壁碳纳米管（SWCNT）作为拉曼探针，传感体系具有较强的拉曼信号。其中，巯基修饰的单链 DNA（SSDNA）通过 Ag—S 键结合在 $CoFe_2O_4@Ag$ 磁性基底上；单链 DNA（SSDNA）和单壁碳纳米管（SWCNT）通过碱基与碳纳米管之间的 π-π 堆积连接，并最终形成螺旋缠绕结构。该结构可用于复杂环境下水体中 Hg^{2+} 的超灵敏检测。

当 Hg^{2+} 存在时，单链 DNA（SSDNA）捕获 Hg^{2+} 形成胸腺嘧啶—Hg^{2+}-胸腺嘧啶（T—Hg^{2+}—T）碱基对，同时会使单壁碳纳米管（SWCNT）解离出来，进而导致拉曼信号减弱。SERS 传感器上单壁碳纳米管（SWCNT）的拉曼信号随 Hg^{2+} 含量的增加而减少，即可实现环境中 Hg^{2+} 的定量分析。研究表明该 SERS 传感器对 Hg^{2+} 的检出限约为 0.84pmol/L，且特征散射峰强度与 Hg^{2+} 浓度在一定范围内（1pmol/L ~ 100nmol/L）呈良好线性关系。

4.9 催化方面

纸质 SERS 基底也可应用于等离子体催化反应的监控与表征。利用拉曼技术来原位表征等离子体催化反应时，等离子体纳米结构兼具双重功能，既可实现反应中间体拉曼散射信号的增强放大，亦可作为等离子体催化反应的催化剂，加速反应速率。该类 SERS 基底用于表面非均匀等离子体催化反应的高效催化剂时，具有高通量、高活性、价格低廉等优点，受到了研究人员的广泛关注。Zhang 等人[147]采用直接浸泡法制备得到载有 AuNPs 的试纸 SERS 基底，该试纸 SERS 基底既可发挥催化作用，加速 4-硝基苯酚转化为 4-氨基苯酚，亦可作 SERS 增强基底实现上述催化转化反应的实时动态监测(即通过 4-硝基苯酚与 4-氨基苯酚特征拉曼散射峰的强度变化来监测整个催化反应过程)。重要的是，该试纸 SERS 基底重复使用 20 次后，其催化效果依然稳定，在催化转化过程中具有良好的可重现性。

Cao 等人[148]开发了一种新颖的贵金属/半导体复合 SERS 基底材料，该复合 SERS 基底实现了 AgCl 薄膜表面多孔 Au-Ag 合金微粒的嵌入。值得注意是，在激光的激发作用下，该复合 SERS 基底不仅促进了基底表面有机物的光催化降解，同时亦产生了明显的 SERS 增强信号。研究表明，上述复合 SERS 基底在光催化降解有机物的同时，可提供原位的 SERS 监测手段，并有望发展成一种多功能的催化监测传感器。

4.10 高性能微纳结构 SERS 基底存在的问题与挑战

4.10.1 高灵敏度、高重现性微纳结构 SERS 基底构建

理想的 SERS 基底，首先应具有高密度的"热点"，从而保证其具有高 SERS 灵敏度。其次，要求 SERS 信号分布尽量均匀一致，即信号可重现性高、可信度高。3D 有序的微纳米结构不仅具有较高的检测灵敏度，其优异的结构均一性亦能够提供高的 SERS 信号可重现性和可信度。针对各种不同的需求来设计并构建形貌各异且功能丰富的 3D 微纳米结构增强基底一直是 SERS 研究领域备受关注的问题。

4.10.2 表面清洁的 SERS 基底是高质量 SERS 检测的前提

采用化学法制备 SERS 基底时常常会加入一些表面活性剂、稳定剂、还原剂或高分子等等(如 CTAB、NaBH₄、PVP、PEG)，这些"添加剂"通常用来还原沉

积具有 SERS 活性的纳米颗粒,并控制其生长形态、团聚程度以及表面特性。然而,这些额外的"添加剂"和衍生物也会产生拉曼散射信号,进而干扰待测组分的 SERS 检测。经过后续的物理或化学清洗(如化学刻蚀、等离子体清洗等),基底表面的增强特性将得到大幅改善。由此可推断,采用创新的方法,通过绿色的合成手段来制备有序、可控且表面清洁的 SERS 基底将是执行高质量 SERS 分析检测的前提。

4.10.3　多功能、可循环利用复合 SERS 基底研发新方向

随着科技的发展,仅具有单一增强功能,且仅能一次性使用的 SERS 基底已经不能满足人们日益增长的各类需求。因此,科学家们开始考虑基底材料的性价比、多功能特性以及实际应用的可操作性等等。

4.10.4　定量分析是 SERS 超灵敏分析领域的重大挑战

在定性分析方面,SERS 检测技术的快速响应以及痕量浓度的超灵敏检测具有极大的优势。然而在定量分析方面,SERS 技术还面临着许多困难。因为目前绝大多数的研究仅仅表明在一个很小的浓度范围内可以获得不错的线性关系,但要解决定量分析的实际应用,必须严格地验证各方面的问题,比如不同的样品批次、相同批次的不同样品、不同的体系、有无干扰等等。基于稳定可靠的 SERS 基底,以及 SERS 光谱中所提取的各类有效指纹信息来实现待测组分的半定量或定量分析依然是当前 SERS 研究领域中最重大的挑战之一。

4.10.5　便携式拉曼光谱仪的应用

SERS 技术的高速发展最终需要转换为生产力,并能为日常生活中的各类实际分析检测所服务。将原位、快速、实时、准确的便携式拉曼光谱仪与性价比高、可靠性强的 SERS 增强基底相结合,一直是分析检测领域中的研究热点,也是目前 SERS 研究领域最有可能实现商业化的发展方向。

5

针尖型高性能SERS基底的制备与应用

5.1 引 言

自 1964 年 Wagner 等人提出 VLS 生长机制以来，设计和构建各种不同尺度和形貌的 1D 半导体纳米材料一直是广大科研人员的研究热点[149-152]。最新的研究成果表明，1D 结构的 Si 纳米线因具有较高的比表面积以及独特的光学、电学、力学和热传导特性，正逐渐成为一类新型的 SERS 基底模板支架[153-156]。目前，已有研究成果报道了采用湿法化学刻蚀制备 Si 纳米线，并以此作为支架成功构建了 Ag-Si 贵金属-半导体 SERS 基底[157]。然而，化学刻蚀往往需要大量使用危险的氢氟酸溶液，且所刻蚀的纳米线多为无规阵列并极易演变成多孔纳米硅结构，严重阻碍了纳米线表面 AgNPs 的负载，进而导致复合 SERS 基底增强性能不足。

考虑到针尖状 Si 纳米线的尖端可能产生独特的"针尖效应"，同时，可调控的结构与形貌也将进一步改善 AgNPs 的负载，进而可显著地提高复合 SERS 基底的增强特性[158]。为此，人们迫切地期望开发出一种简单、可控、能大面积制备高质量针尖状 Si 纳米线的新方法。CVD 是制备 1D 纳米材料的传统方法之一，通过选用合适的催化剂，控制沉积温度以及沉积压力能够灵活调控所制备纳米线的微观结构和形貌。本章拟通过一种改进的 PECVD 技术，充分利用催化剂的消耗来诱导高密度针尖状 Si 纳米线的生长，随后利用 Si 纳米线自身的弱还原性原位负载具有 SERS 活性的 AgNPs，进而实现 AgNPs 修饰的针尖状 Si 纳米线丛林结构 SERS 基底的构建(Ag-Si 贵金属-半导体 SERS 基底)。

本书第 5~8 章，以 Au 为金属催化剂，根据 VLS 生长机理采用 PECVD 方法在不同种类、不同维度的固相衬底上成功生长或嫁接了针尖状 Si 纳米线。不同种类的衬底包含 Si(100) 单晶硅片、Si/SiO_2 热氧化硅片和石英玻璃；不同维度的衬底包含 2D 的平面硅衬底系列、准 3D 的 Ag 枝晶微纳米结构、3D 的 ZnO 纳米棒阵列以及 0D 的 $WO_{2.72}$ 微纳米球(球体表面所最终嫁接生长的分支结构为 $WO_{2.72}$ 纳米针)。

Ag 枝晶微纳米结构的合成主要是利用湿化学法将银离子还原形成银团簇，银团簇再形核生长为枝晶状微纳米结构；ZnO 纳米棒阵列的制备是通过化学气相沉积法在高温水平管式炉中完成的；0D 的 $WO_{2.72}$ 微纳米球则以 WCl_6 为反应前驱体，通过水热反应法在高温反应釜中合成。此外，采用伽伐尼置换完成了各类 Si 针尖基底表面 AgNPs 的修饰；通过原位氧化还原法实现了蒲公英状 $WO_{2.72}$ 微纳米结构表面 AgNPs 的负载。

5.2 实 验 设 备

5.2.1 CVD 水平管式炉

CVD 水平管式炉主要由沉积反应室、真空控制部件、温度控制单元以及气源控制系统等部分组成，该设备主要用于碳材料、氧化物半导体和非晶硅膜的生产制备。例如，在 CVD 水平管式炉中利用热蒸发过程可成功制备出 SnO_2、TiO_2、MnO_2、V_2O_5 以及 CuO 等各类氧化物半导体纳米材料，其相应的生长机理主要为对反应前驱体加热并使其蒸发或升华，所产生的热蒸汽在温度较低的衬底表面发生了结晶生长现象。

本实验中所采用的 CVD 水平管式炉其本底极限真空度低于 10Pa，沉积气压可维持在 10~1000Pa 之间，沉积温度可调控范围为室温至 1100℃。利用该设备来制备 ZnO 半导体纳米线成本低廉、操作简单、适合于大面积工业化生产。

5.2.2 PECVD 沉积系统

PECVD 沉积系统是一类在气态条件下，在沉积室中利用辉光放电使得反应前驱体电离并在基底表面以化学反应的方式沉积或生长的理想设备。利用该设备可实现多种硅材料的气相沉积，例如 SiO_x、SiN_x、SiO_xN_y 和非晶态硅材料(a-Si:H)的沉积。

本实验中所采用的 PECVD 沉积系统包括一台 500W 的射频等离子源、一套石墨加热系统、配有四通道质量流量计的气路管道，以及一组由机械泵、罗茨泵和分子泵组成真空获取系统。通常，PECVD 沉积系统主要依靠射频电源来激发沉积室中的气体，所激发产生的低温等离子体随后被用来增强反应物质的化学活性，从而使得化学反应能在较低的温度下顺利进行。与常规的化学气相沉积方式相比较，PECVD 技术具有沉积温度低、生长速率快、成膜均匀性好等特点，在负载贵金属催化剂的条件下特别适合于半导体纳米线的规模化生长。

5.3 样品制备(针尖状 Si 纳米线的制备)

5.3.1 衬底清洗

详细的清洗步骤如下：①将均匀切割的 Si 片置入高纯度丙酮中超声清洗 20min；②将丙酮清洗过的 Si 片转入无水乙醇中超声清洗 20min；③采用去离子水超声清洗 20min，随后使用大量去离子水漂洗数次；④采用氮气吹扫干净，备用。本文后续所有 Si 片清洗过程如无特别说明，均与此描述一致。

5.3.2 催化剂负载

以 Au 为催化剂，基于 VLS 生长机制来制备针尖状 Si 纳米线。使用 SBC-12 小型离子溅射仪对清洗后的 Si 衬底进行催化剂 Au 负载。所选用靶材为高纯度 Au 靶(99.9999%)，溅射电压：0~1600V，溅射电流 10mA，溅射时间 30~90s。

5.3.3 针尖状 Si 纳米线的生长

将溅射有催化剂 Au 的衬底转入 PECVD 沉积腔内，控制反应温度约 600℃，氢气流量 20sccm，硅烷流量 5~40sccm，沉积压力 20~100Pa，射频功率 20~100W，1~3h 后即可获得针尖状 Si 纳米线。

5.4 分析表征方法

5.4.1 扫描电子显微镜

扫描电子显微镜(Scanning Electron Microscope，SEM)具有制样简单、放大倍数高、成像立体感强等优点，并能直接用于各种复杂试样表面的细微结构观察，是纳米科学与材料表面工程研究领域中最重要的科研仪器之一。SEM 主要是利用狭窄的电子束在样品表面逐点扫描，通过电子束与样品的相互作用产生各种激发信号并随后收集调制成像。由于样品表面的微观结构对所激发的二次电子产额非常敏感，因此收集二次电子图像就能够凸显样品表面的微观形貌。

本文主要使用 JEOL/JSM-7000F 和 Hitachi-SU6600 场发射扫描电子显微镜对样品表面进行形貌观察，其最高放大倍数为 40~65 万倍，极限分辨率约 1.5nm。如配有 X 射线能谱仪装置，则可同时进行形貌观察和微区成分分析，通过 SEM 观察材料表面形貌，为研究样品形态结构提供了便利，有助于监控样品质量，分析相关的生长机理。

5.4.2 透射电子显微镜

透射电子显微镜（Transmission Electron Microscope，TEM）是将汇聚的高速电子投射到超薄样品表面，通过收集透射的电子并进行调制成像的结构分析方法，通过它可以进行电子衍射、衍衬成像以及高分辨分析。透射电子散射角的大小与样品的密度、厚度紧密相关，由于入射电子与样品中的原子相互碰撞后会改变运动方向从而产生立体散射角，而散射角的大小则可反映出样品的密度、厚度等情况，因此样品在经电子束照射后可以形成明暗不同的且聚焦放大的影像。制备样品时，先将样品分散到无水乙醇中超声波分散 30min，随后采用移液器移取 10μL 悬浊液滴加于微栅铜网表面，待液滴干燥后即可进行观察。

本文所使用的透射电镜 JEOL/JEM-2100F 是一台多功能高分辨透射电子显微镜（High Resolution Transmission Electron Microscopy，HRTEM），它可以将各种透射电镜技术、能谱和电子衍射技术等方便灵活地有机组合，并用于无机材料的显微形貌观察、晶体结构和相组织分析以及各种材料微区化学成分的定性和定量分析。设备所附加的 Oxford-IET200 X 射线能谱仪常被用于分析微纳米结构的微观形貌和微区元素成分。

5.4.3 X 射线衍射

X 射线衍射（X-Ray Diffraction，XRD）是检测晶态物质微观结构的有效手段，主要应用于物相分析、晶体取向、晶格常数以及应力应变状态分析等。而在物相分析方面，将所获得的晶面间距和衍射强度与标准物相卡片进行比较，即可定性和定量地分析所制备材料的物相与含量。

本文中所使用的 X 射线衍射仪为日本理学 Rigaku D/Max2500 型，采用 Cu 靶 X 射线源，石墨单色滤波器，工作电压和工作电流分别为 40kV 和 40mA，发射波长 $\lambda = 1.540598$Å，测量步长 $0.0167°$，测角仪的精度为 $0.0001°$，准确度为 0.0025°。

5.4.4　X 射线光电子能谱

X 射线光电子能谱(X-ray Photoelectron Spectroscopy, XPS)是一种用于化学键合分析的电子能谱, 它常采用 Al Kα 或者 Mg Kα 阴极发射源所产生的软 X 射线为激发, 选择结合能或动能作为电子能量标尺进行分析。该射线对元素所处的化学环境极其敏感, 常因化学环境的差异而引起内壳层电子结合能的变化, 进而体现在 XPS 谱图峰位位移上。

本文所使用的 XPS 能谱仪为 Thermo Scientific K-Alpha 型, 采用 Al Kα 为 X 射线源, 测试真空约为 3.0×10^{-12} mbar。

5.4.5　拉曼光谱与紫外可见吸收光谱

拉曼光谱(Raman Spectra)是一类分子散射光谱, 它对应于物质的分子振动和转动等指纹信息, 基于该光谱的拉曼检测技术是一种分析分子结构的常用方法。本文所用的拉曼光谱仪为 Horiba/LabRAM-HR 共聚焦拉曼光谱仪, 可选用的激光激发波长为 633nm、514nm 和 325nm, 其中 633nm 的激光最大功率约为 $17\text{mW} \cdot \text{cm}^{-2}$。本书第 5~8 章所用的紫外可见吸收光谱仪(UV-Vis Spectroscopy)为岛津 UV-3600。利用物质的分子或离子对紫外可见光的吸收程度的差异可分析物质的组成、含量以及结构。

5.5　SERS 检测与分析

5.5.1　SERS 分析检测原理

SERS 效应是指在入射光的作用下, 吸附在贵金属表面的分子其拉曼散射信号发生明显增强的一种现象, 它可以在分子水平上给出物质的结构信息, 且具有极高的检测灵敏度和特异性。基于 SERS 效应的分析检测技术可实时、实地、无损地研究物质的成分和结构, 同时还具有受水干扰小、可猝灭荧光、稳定性好等特点。然而, 充分利用这一优势检测技术的前提是构建性能优越且稳定可靠的 SERS 基底。

5.5.2 SERS 分析检测设备

Horiba/LabRAM-HR 具有高度灵活性，可扩展到全波长范围（200～2100nm），并实现了全波长自动切换。它保留了 LabRAM-HR 在单级拉曼光谱仪中焦长最长的特质以及无与伦比的消色差光学设计，确保在单级拉曼光谱仪中具有最高的光谱分辨率。超低波数模块使得其低波数测量可低至 $10cm^{-1}$。

LabRAM-HR 不仅能为化学和结构鉴定提供高信息含量的光谱，并且在亚微米尺度可获得极高空间分辨率的结果。LabRAM-HR 同时适用于显微与大样品测量，具有先进的 2D 和 3D 共焦成像性能。真共焦显微光路保证快速、准确地获得最精细的光谱图像提供便捷的分析模块。双光路设计方便用户实现 UV 和 VIS/NIR 波段的快速切换而无须任何校准和调试。

5.5.3 SERS 分析检测流程

目前 SERS 技术主要应用于实验室的基础研究，它可以轻松应对饮料、粮油、果蔬等食品中的非法添加、重金属含量、农残、兽残、微生物和营养成分等分析带来的挑战。将 SERS 技术应用于实际的分析检测，主要流程如下：一是制备增强试剂。主要包含固相的 SERS 增强基底和液相的 SERS 活性纳米颗粒胶体；二是提取待测组分并分散于所选用的 SERS 基底表面。例如，可将一定浓度的待测组分旋涂或滴加于固相 SERS 基底表面，或者通过浸泡法使得 SERS 基底表面均匀吸附大量待测组分。如增强试剂为 SERS 活性纳米颗粒胶体，则可通过互混两类液体，然后采用毛细管测量法测定；三是检测结果的分析。当试样采集图谱结束之后，将自动与数据库中的数据进行对比，在拉曼光谱仪上直接显示出待测组分的类别，从而实现检测结果的可视化。

经归纳总结可知，上述传统的 SERS 检测主要分为两类：一类是干法，另一类是湿法。干法检测灵敏度较高但检测结果不稳定、可靠性不好。湿法检测重现性好但灵敏度相对较低。此外，研究人员创造性地提出从湿态向干态转变的过程中进行动态 SERS 检测的思路和方法。这类新方法不仅解决了灵敏性和重复性不能兼顾的难题，而且提出了 3D 空间"热点"的新概念，极大地提高了SERS"热点"的数量和"热点"效率，实现了各种不同性质分析物的超痕量检测（例如农残、毒品、爆炸物等等），大大推动了 SERS 分析检测方法的实用化进程。

5.6　主要实验过程

（1）采用 PECVD 在硅基底上生长针尖状 Si 纳米线：在清洗干净的硅衬底表面溅射一层厚约 10nm 的金催化剂，随后转入 PECVD 沉积腔内，控制沉积温度 600℃，氢气流量 20sccm，硅烷流量 5~40sccm，沉积压力 20~100Pa，射频功率 20~100W，1~3h 即可获得针尖状 Si 纳米线丛林结构。

（2）采用伽伐尼置换反应完成 Si 纳米针表面 AgNPs 的原位沉积：将所制备的针尖状 Si 纳米线丛林结构浸入 5% 的氢氟酸溶液中 2min，随后快速将其转入一定浓度的硝酸银溶液中静置数分钟即可实现 AgNPs 的高密度负载。

如步骤(2)中所选用的前驱体溶液为氯金酸溶液或者硝酸铜溶液，则可实现 Si 纳米线（或 Ge 纳米线）表面原位沉积金或铜。

5.7　实验结论与分析

5.7.1　Si 纳米针的设计与构建

在前期的研究工作中，本课题组以 Ni 为催化剂，研究了不同反应条件下各种半导体纳米线的 VLS 生长，并成功制备出了一种圆柱形的 Si 纳米线，相应的生长工艺流程如图 5-1(a) 所示。在 VLS 生长机制中，液态的 Ni-Si 合金充当催化剂和吸附气体的介质，一旦合金液滴中 Si 组分达到过饱状态，Si 纳米线将析出并托起催化液滴。鉴于催化液滴在生长过程中保存恒定不变，因此所催化生长的纳米线大多为圆柱形态，其直径与液滴尺寸几乎一致。

基于以上分析可知，传统的圆柱形 Si 纳米线主要以稳定的催化剂来促进纳米线的 VLS 生长，而生长过程中催化液滴的形态则严格控制着纳米线的形貌与尺寸。因此，设计并构建针尖状 Si 纳米线，其关键点为催化液滴的形态控制（即所选催化剂在生长过程中会持续地消耗并导致其尺寸逐渐变小）。

本实验中所选用的沉积设备为中科院沈阳科学仪器股份有限公司生产的 PECVD 为沉积系统，该设备以 RF500 射频电源为激发源，所产生的低温等离子体不仅能增强前驱体的化学活性，也能进一步促进 Au 催化剂在生长过程中不断萎缩，进而导致析出的纳米线逐渐锐化。

如图 5-1(b) 所示，在 PECVD 过程中，针尖状 Si 纳米线的生长工艺流程主要分为四个步骤：①催化剂负载；②退火共溶(去润湿过程)；③结晶阶段；④诱导生长。

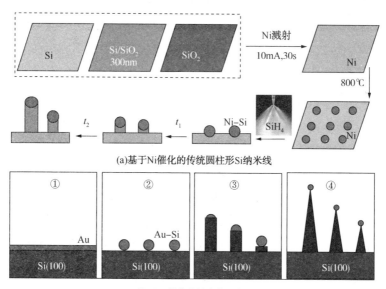

(a)基于Ni催化的传统圆柱形Si纳米线

(b)基于Au催化的针尖状Si纳米线

图 5-1 半导体纳米线的生长工艺流程图

第一步，将三类不同的基底分别置于丙酮和无水乙醇中超声清洗，氮气吹扫并转入小型离子溅射仪沉积一层贵金属催化剂[见图 5-1(b)，步骤①]。根据 Au-Si 二元合金相图，以 Au 作催化剂，在 363℃ 以上即可生长出 Si 纳米晶。基于此，本研究工作主要选用合金化温度较低的 Au 催化剂，以硅烷为反应前驱体，在 P 型单晶硅、300nmSi/SiO₂ 热氧化硅片以及石英片等衬底表面探索针尖状 Si 纳米线的生长及其 SERS 效应。

第二步，将溅射有 Au 催化剂的衬底置入 PECVD 反应腔内，在本底真空低于 4×10⁻⁴Pa 时快速升温至 600℃ 并保温 30min。由于退火温度远高于 Au-Si 的合金化温度，因此衬底所富含的 Si 组分与催化剂 Au 膜在退火过程中将形成低共溶的合金催化剂液滴[参见图 5-1(b)，步骤②和图 5-2(a)；催化剂形态和尺寸分布见图 5-2(b)和(c)]。

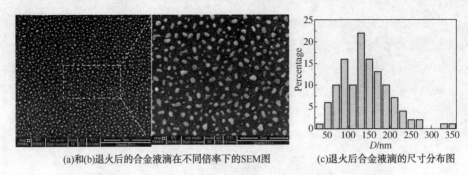

(a)和(b)退火后的合金液滴在不同倍率下的SEM图   (c)退火后合金液滴的尺寸分布图

图 5-2   催化剂 Au 膜的去润湿过程以及合金液滴的尺寸分布

第三步，通入反应前驱体并开启射频电源，在低温等离子体的作用下，硅烷分解产生大量的 Si 组分。而气氛中的这些 Si 组分将持续不断地吸附并溶入合金液滴中，当液滴中 Si 组分达到饱和状态时，Si 原子从液滴中逐渐析出，进而在衬底表面结晶生长[参见图 5-1(b)，步骤③]。

第四步，所诱导生长的 Si 纳米线直径逐渐变小，最终呈现针尖状。由于 Au 催化剂在 PECVD 生长过程中会不断地损耗，进而导致其尺寸逐渐变小，因此实现了针尖状 Si 纳米线的轴向生长[参见图 5-1(b)，步骤④]。

通过调控催化剂 Au 膜的厚度和退火条件可实现去润湿过程中合金催化液滴密度和尺寸的优化，进而完成 Si 纳米针在基底表面高密度的生长(即构成本章所述的针尖状 Si 纳米线丛林结构，结果如图 5-3 所示)。图 5-3(a)与(b)展示了在 PECVD 生长环境下，以硅烷为前驱体充分利用 Au 催化剂尺寸的变化，所诱导生长出大面积、高密度针尖状 Si 纳米线丛林结构的 SEM 图像。

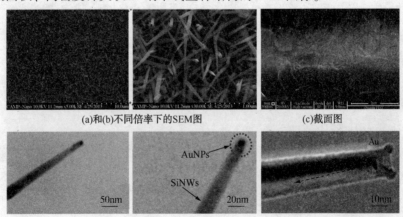

(a)和(b)不同倍率下的SEM图   (c)截面图

(d)(e)和(f)不同倍率下Si纳米针的TEM图(图中SiNWs为硅纳米线,AuNPs为金纳米颗粒)

图 5-3   针尖状 Si 纳米线的形貌特征

图 5-3(c)为针尖状 Si 纳米线截面 SEM 图像，表明 Si 纳米线丛林结构在 z 轴方向具有一定的空间延伸，它为 3D 空间的构建和活性纳米颗粒的负载提供了更加丰富的支架。图 5-3(d)为单一针尖的 TEM 图像，清楚地表明所生长的纳米材料为针尖状结构。而在 HRTEM 图像中[图 5-3(e)]，可清晰地观察到残留于 Si 纳米针顶端的 Au 纳米颗粒，该发现证实了针尖状 Si 纳米线的生长主要基于 VLS 生长机制。

图 5-3(f)清晰地展示了 Au 催化剂的沿程消耗，图中可见 Si 纳米针外表面分布有连续的 Au 纳米颗粒。原本位于顶端的催化剂 Au 球，其尺寸也发生了变化，逐渐萎缩为梭形结构。催化剂的动态消耗过程也可通过原位高温 TEM 得到翔实的证明。

与先前的研究工作相比较(基于 Ni 催化的圆柱形 Si 纳米线的生长)，本工作的独特之处主要体现在：①选用了合金化温度较低的 Au 作为催化剂；②所选用的沉积设备在 PECVD 生长过程中成功地促进了 Au 催化剂的消耗，并由此诱导了 Si 针尖的生长；③催化剂液滴的密度和尺寸可控，进而可获得高密度的针尖状 Si 纳米线丛林结构。

5.7.2　针尖状 Si 纳米线的界面演变机制分析

为了阐明针尖状 Si 纳米线的生长机制及其演变过程，本章考察了不同沉积时间、不同基底界面以及不同分压下所制备试样的形貌和微观结构。如图 5-4(a)所示，在气相沉积的初始阶段(前 5min)，大量活性的"Si 点"(纳米晶粒)从基底表面结晶析出。当沉积时间延长至 10min 时，原本的"Si 点"逐渐演变为直径宽化的小 Si 柱，同时部分结晶位点以纳米针的形式存在[图 5-4(b)]。

沉积时间增至 0.5h，基底表面则成功实现了高密度 Si 纳米针的生长[图 5-4(c)]。该过程表明在经历半小时气相沉积反应后，合金液滴已经完成了 Si 组分的原始积累。当气相反应体系中 Si 组分继续溶入合金催化液滴时，Si 纳米针将持续动态地析出，并同时托起体积逐渐变小的合金催化液滴。

图 5-4(d)(e)和(f)则清晰地展现了沉积时间超过半小时时(1~3h)所制备的 Si 纳米针试样的 SEM 图像。随着沉积时间的不断增加，Si 纳米针的长度也将逐渐增长，而处于纳米针顶端的 Au 催化液滴伴随着长度的延伸而不断地损耗，因此后续诱导生长的 Si 纳米针其直径逐渐细化，最终演变为针尖状 Si 纳米线。

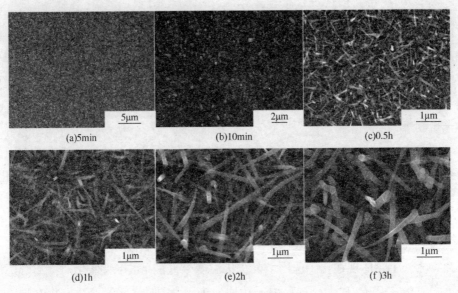

图 5-4　针尖状 Si 纳米线的调控

　　当合金催化液滴的直径小到一定尺寸时，气相反应体系中的活性 Si 组分将在液滴内部达到一个"吸附-解吸附"的动态平衡，此时，液滴内的 Si 组分将无法继续达到过饱和状态，针尖状 Si 纳米线随即停止生长。

　　图 5-5 中曲线（a）详尽地展现了不同沉积时间内针尖状 Si 纳米线长度的变化趋势，很明显，在 2h 内针尖状 Si 纳米线的长度是逐渐增加的（轴向生长），且生长迅速。曲线（a）的斜率代表了该段时间内的针尖状 Si 纳米线的平均生长速率，约为 27.2nm·min^{-1}。而在 2h 以后，生长趋势开始逐渐减缓，这暗示着合金催化液滴即将消耗完毕或已达到临界尺寸，不足以继续促进针尖状 Si 纳米线的生长。

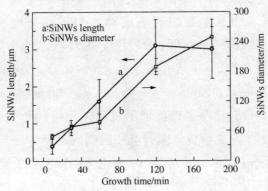

图 5-5　状针尖状 Si 纳米线的长度与底部直径分析

除长度外，针尖状 Si 纳米线的底部直径也发生了宽化现象（径向生长），其底部直径与沉积时间的对应关系如图 5-5 曲线（b）所示。与长度的变化趋势不同的是在 3h 内针尖状 Si 纳米线的底部直径一直在持续增加。实验观察表明，在针尖状 Si 纳米线的生长过程中，顶端的催化剂液滴会逐渐向纳米线外表面转移和扩散（即催化剂 Au 的消耗沿轴向发生）。因此，我们推断针尖状 Si 纳米线底部直径的宽化是由于纳米线外表面残留的 Au 催化剂导致的，这些残留的催化剂促进了针尖 Si 纳米针的径向生长（VS 生长机制）。

图 5-6 为所制备的针尖状 Si 纳米线 TEM 图像。其中图 5-6（a）为低倍的 TEM 图像，它展示了 Si 纳米针的整体形态。Si 纳米针具有较高的纵横比和锋利的尖端，其尖端锥角约为 5°，且尖端顶点可清晰识别残留的 Au 纳米颗粒。图 5-6（b）和（c）则表明所制备的针尖状 Si 纳米线为核壳结构。图 5-6（d）为所制备的针尖状 Si 纳米线 HRTEM 图像，高度有序的晶格图像证实了针尖状 Si 纳米线的内核为晶态，其壳层（虚线所示区域）为厚约 5nm 的无定形二氧化硅。图中标记的晶格条纹间距（0.314nm）对应于 Si（111）晶面间距，该结果表明针尖状 Si 纳米线晶体生长的主要方向为 [111] 方向。

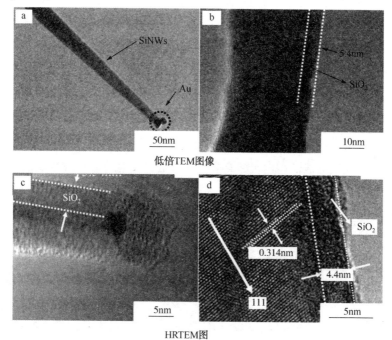

图 5-6　针尖状 Si 纳米线的 TEM 分析

图 5-7 为典型的针尖状 Si 纳米线能量色散 X 射线光谱(EDS),光谱图中 Si、Au、O 三元素清晰可见。其中 Au 元素的面分布主要位于 Si 纳米针顶端[图 5-7(c)],这与 STEM 图像中[图 5-7(a)]Au 纳米颗粒的分布位点相一致。而位于尖端顶部的 Au 纳米颗粒残留则充分证实了 Si 纳米针的生长为 VLS 机制。图 5-7(b)为 Si 元素的面分布,表明了所制备的针尖结构为 Si 纳米针。图 5-7(d)中少量的 O 元素可能来源于 Si 纳米针表面的氧化层或其他含氧杂质。

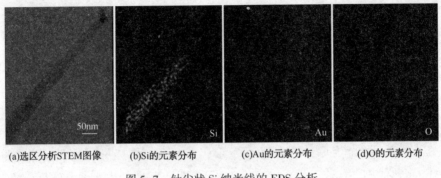

(a)选区分析STEM图像　　(b)Si的元素分布　　(c)Au的元素分布　　(d)O的元素分布

图 5-7　针尖状 Si 纳米线的 EDS 分析

图 5-8 为三类不同的基底界面所生长的针尖状 Si 纳米线 SEM 图像。实验结果显示,在 P 型(100)单晶硅片、氧化层 300nm 的 Si/SiO$_2$热氧化硅片以及石英玻璃基底界面均成功生长了高密度的针尖状 Si 纳米线,且纳米线的形貌与微观结构基本一致。该结果表明所选用的三类含 Si 基底对针尖状 Si 纳米线的生长并无影响,我们推断这与基底表面蕴含的 Si 元素相关:①在 Si 元素存在的条件下,基底表面能够更加容易地形成低熔点的二元 Si-Au 合金(363℃),这对于针尖状 Si 纳米线的生长非常有利;②而部分常用且不含 Si 元素的基底,如金属 Cu 板、金属 Ti 片等,由于基底界面无法形成低熔点、低共溶的 Si-Au 二元合金,催化剂 Au 膜则需在更高的退火温度下(1063℃,Au 的熔点)才能发生去润湿效应,进而形成 Au 催化液滴。

(a)单晶硅片　　　　(b)Si/SiO$_2$热氧化硅片　　　　(c)石英玻璃片

图 5-8　针尖状 Si 纳米线在不同基底表面上的生长

图 5-9（a）为不同的硅烷分压下所制备试样的 XRD 图谱，三组谱线中均能检索到立方相硅，且其主要的衍射峰位于 28.442°、47.302° 和 56.121°，分别对应于（111）（220）以及（311）晶面，该结果表明在不同的硅烷分压下所制备的针尖状 Si 纳米线具有较高的结晶度。除了针尖状 Si 纳米线和残留的催化剂 Au 之外，谱图中并无其他杂质衍射峰出现。

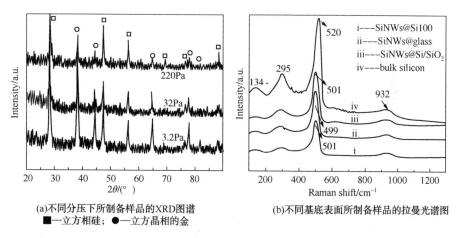

(a)不同分压下所制备样品的XRD图谱
■—立方相硅；●—立方晶相的金

(b)不同基底表面所制备样品的拉曼光谱图

图 5-9 针尖状 Si 纳米线的表征

图 5-9（b）曲线（i）、（ii）和（iii）分别为三类不同的基底上所制备的针尖状 Si 纳米线的拉曼光谱。与块体硅[曲线（iv）]相比较，针尖状 Si 纳米线的特征散射峰向低频方向发生了明显的移动（红移）。研究结果表明位于 $500cm^{-1}$ 处特征拉曼峰的红移和不对称宽化现象主要由以下几个方面所造成[158]：①过高的激光入射功率致使试样表面局部温度升高，从而引起拉曼光谱大幅度红移；②入射激光所激发的载流子会与声子发生 Fano 型干涉，从而使针尖状 Si 纳米线的拉曼光谱发生 Fano 型红移和不对称宽化；③声子限制效应引发的针尖状 Si 纳米线拉曼光谱红移及不对称宽化。

5.7.3 伽伐尼置换构建 AgNPs/针尖状 Si 纳米线 SERS 基底

伽伐尼置换是意大利科学家 Luigi Galvani 发现的一类经典化学反应，该反应已具有二百多年的历史并被载入经典教材[159]。伽伐尼置换也被称之为浸镀法，已成功应用于 SERS 基底表面贵金属纳米颗粒的原位沉积。当金属基底或 Si、Ge 等半导体基底浸入到贵金属离子溶液中时，通过金属离子/金属（M^{n+}/M）间不同的标准氧化还原电位，氧化还原电位较低的金属或半导体基底会将溶液中电位较高的贵金属离子置换成贵金属纳米颗粒。

例如，贵金属 Au、Ag、Pt、Pd 等由于其较高的标准氧化还原电位，其离子溶液 HAuCl$_4$、AgNO$_3$、HPtCl$_4$、HPdCl$_4$很容易被半导体 Si、Ge 等置换出来，通过该置换过程可以实现氢终端 Si 纳米线表面贵金属纳米颗粒的原位沉积。该置换过程在室温下即可自发反应，操作简单，且不需要其他的添加剂，所获得的贵金属纳米颗粒尺寸均匀、分布广泛、表面清洁，非常适合作为高性能的 SERS 活性基底。

图 5-10 展示了在不同的伽伐尼置换反应时间下，针尖状 Si 纳米线表面 AgNPs 原位沉积的结果。很显然，在实验中 AgNPs 的形成是一个循序渐进的过程。首先将针尖状 Si 纳米线基底浸入氢氟酸溶液中以获得氢终端的还原性表面，当还原性的 Si 纳米线被快速转移至一定浓度的硝酸银溶液中时，Si 表面的伽伐尼置换反应随即发生。在置换反应过程中，针尖状 Si 纳米线的存在不仅作为反应体系的还原剂，而且还起到支撑负载 AgNPs 的作用，防止其过度团聚。

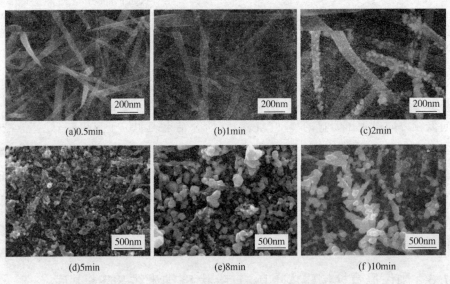

| (a)0.5min | (b)1min | (c)2min |
| (d)5min | (e)8min | (f)10min |

图 5-10　针尖状 Si 纳米线表面 AgNPs 的修饰

在反应初期仅有少量粒径较小的 Ag 种子原位沉积于 Si 纳米针表面[见图 5-10(a)和(b)]，随着伽伐尼置换时间的延长，更多的 Ag 种子将逐渐析出、成核、生长，并形成表面清洁的 AgNPs/针尖状 Si 纳米线复合结构[见图 5-10(c)]。

实验结果表明，当硝酸银浓度达到毫摩尔级别时，伽伐尼置换反应时间控制在 2min 内对针尖状 Si 纳米线表面 AgNPs 的原位沉积起到关键作用。而在较长的置换反应时间下[大于5min，见图5-10(d)和(e)]将形成大量团聚的AgNPs并随机分布于Si纳米针表面。这是由于在置换过程中AgNPs能够相互融合(Ostwald熟化)或吸附新析出的AgNPs，从而造成了Si纳米针表面AgNPs的团聚与粗化。当时间增至10min时[见图5-10(f)]，Si纳米针表面所原位沉积的AgNPs将逐渐融合并形成包覆于针尖表面的Ag枝晶结构。该枝晶中大量存在120°夹角的分支结构，且与硅基Ag枝晶微纳米结构(本文第四章所述Ag枝晶基底支架)的形貌和形成机理非常相似。

此外，通过硝酸银溶液浓度的调控也可实现针尖状Si纳米线表面AgNPs的原位修饰与优化。如图5-11所示，过高的银离子浓度将促进AgNPs的快速析出，进而导致针尖状Si纳米线表面AgNPs的无规团聚以及Ag枝晶结构的出现[图5-11(e)和(f)]。而当硝酸银浓度低至10μM时，较稀的银离子浓度则无法在规定的时间内完成AgNPs的高密度负载[图5-11(a)和(b)]。该优化实验表明，所选用的硝酸银为0.1mM时，针尖状Si纳米线表面能够快速获得均匀且细密的AgNPs，而浓度为1mM时则有利于纳米颗粒间隙结构的获得(高密度"热点"的起源)。

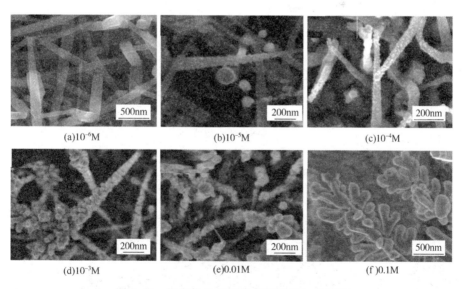

(a)10^{-6}M　　　　(b)10^{-5}M　　　　(c)10^{-4}M

(d)10^{-3}M　　　　(e)0.01M　　　　(f)0.1M

图5-11　针尖状Si纳米线表面AgNPs的修饰

为了证实针尖状Si纳米线表面所原位沉积的纳米颗粒为AgNPs，分别采用XPS和EDS对伽伐尼置换后针尖状Si纳米线进行了详细地表征。图5-12(a)为采用不同硝酸银浓度发生置换反应后针尖状Si纳米线XPS全谱图，图中谱线(i)

和(ⅱ)完全一致,均显示样品含有 Si 和 Ag 等元素。图 5-12 中(b)与(c)分别为
Si2p 和 Ag3d 的局部放大 XPS 图谱,其特征峰结合能与单质 Si、Ag 的 XPS 标准
数值基本吻合,该结果详实地证明了 AgNPs 原位沉积于针尖状 Si 纳米针表面。
而图 5-13 的 EDS 分析结果则清晰地描绘了 AgNPs 在 Si 纳米线表面的分布,进
一步证实了所沉积的纳米颗粒为 AgNPs。

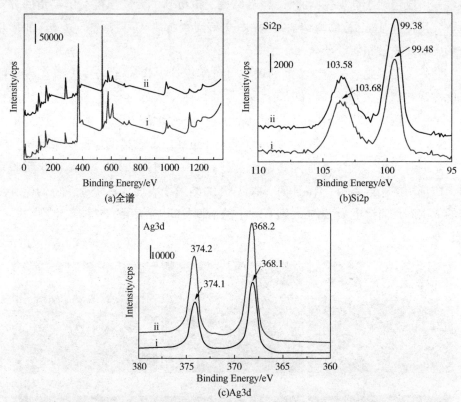

图 5-12　AgNPs 修饰的针尖状 Si 纳米线的 XPS 分析

曲线(ⅰ)和(ⅱ)分别为采用 10^{-4} M 和 10^{-3} M 硝酸银溶液所制备的样品

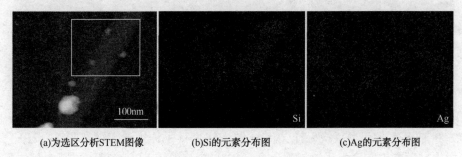

(a)为选区分析STEM图像　　(b)Si的元素分布图　　(c)Ag的元素分布图

图 5-13　AgNPs 修饰的针尖状 Si 纳米线的 EDS 分析

5.7.4 AgNPs/针尖状 Si 纳米线 SERS 基底增强性能分析

图 5-14(a)展示了在不同硝酸银浓度下所制备的 Ag-Si 贵金属-半导体 SERS
基底对 R6G 的增强特性。研究发现，随着硝酸银浓度不断提高，针尖状 Si 纳米
线表面所原位沉积的 AgNPs 其尺寸也越来越大，并逐渐发生融合过程以及枝晶
化现象。当 AgNPs 的密度、尺寸开始逐步提高时，复合 SERS 基底的增强效应在
前期得到了一定程度的改善[图 5-14(a)，曲线(iv)]。而在 AgNPs 开始轻微聚
集的情况下，基底表面将会产生大量由隙缝结构组成的"热点"，进而导致其
SERS 效应显著提高[图 5-14(a)，曲线(vi)]。当硝酸银浓度继续增加时，复合
基底表面则形成了大量无规的 Ag 枝晶结构，因此其增强性能开始明显地衰退[图
5-14(a)，曲线(ii)]。很显然，伽伐尼置换过程中所原位沉积的 AgNPs，其形
貌、尺寸、密度等与制备的 SERS 基底增强性能息息相关。

图 5-14(b)为优化后的 Ag-Si(贵金属-半导体)SERS 基底对不同浓度 R6G
溶液的分析检测图谱。当 R6G 浓度低至 10^{-13} M 时[图 5-14(b)，曲线(i)]，复
合 SERS 基底表面仍能明显地观察到 R6G 的特征散射峰，如 1310cm^{-1}、
1357cm^{-1}、1507cm^{-1}、1570cm^{-1} 和 1650cm^{-1}，该结果清晰地表明所制备的丛林结
构复合 SERS 基底对 R6G 具有较高的分析灵敏度，其分析检测能力低至 0.1pM
级别。

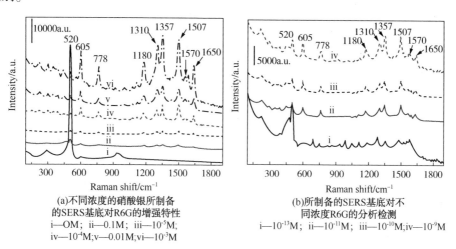

(a)不同浓度的硝酸银所制备
的SERS基底对R6G的增强特性
i—OM；ii—0.1M；iii—10^{-5}M；
iv—10^{-4}M；v—0.01M；vi—10^{-3}M

(b)所制备的SERS基底对不
同浓度R6G的分析检测
i—10^{-13}M；ii—10^{-11}M；iii—10^{-10}M；iv—10^{-9}M

图 5-14 所制备 SERS 基底的增强特性分析

图 5-15(a)为几类不同形貌的基底对不同浓度 R6G 的增强特性分析，其中，曲线(i)为 Si 基底对 1μM 的 R6G 的增强特性分析，曲线(ii)为针尖状 Si 纳米线对 0.1mM R6G 的增强特性分析，曲线(iii)为 AgNPs 修饰的圆柱形 Si 纳米线对 10pM R6G 的增强特性分析，曲线(iv)为本章所制备的 AgNPs 修饰的针尖状 Si 纳米线对 1pM R6G 的增强特性分析，该结果清晰地表明所制备的针尖状 Si 纳米线 SERS 基底与圆柱形 Si 纳米线基底相比具有更高的 SERS 增强特性。

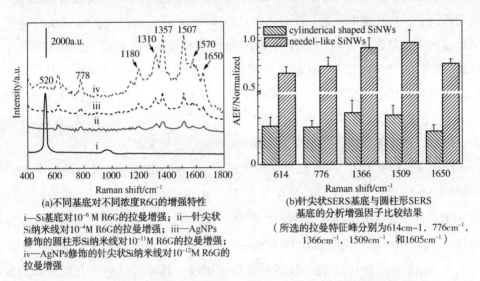

(a)不同基底对不同浓度R6G的增强特性
i—Si基底对10^{-6} M R6G的拉曼增强；ii—针尖状 Si纳米线对10^{-4}M R6G的拉曼增强；iii—AgNPs 修饰的圆柱形Si纳米线对10^{-11}M R6G的拉曼增强；iv—AgNPs修饰的针尖状Si纳米线对10^{-12}M R6G的拉曼增强

(b)针尖状SERS基底与圆柱形SERS 基底的分析增强因子比较结果
（所选的拉曼特征峰分别为614cm-1，776cm^{-1}，1366cm^{-1}，1509cm^{-1}，和1605cm^{-1}）

图 5-15　针尖状 SERS 基底与圆柱形 SERS 基底增强特性比较

图 5-15(b)进一步显示了两类不同的 Si 纳米线在负载相同尺寸、相同密度的 AgNPs 后 SERS 基底对 R6G 的分析增强因子，由图可知针尖状 Si 纳米线其分析增强因子明显高于圆柱形纳米线，该结果暗示针尖状 Si 纳米线可能更适合于 AgNPs 的负载，并有望作为一种性能卓越的 SERS 基底支架。导致这一现象的主要原因有以下几点：一方面，由于针尖状 Si 纳米线其尺寸不断缩小为针状，在 SERS 检测时该结构可能导致它对光的反射特性与圆柱形纳米线截然不同。另一方面，针尖状 Si 纳米线锋利的尖端残留具有 SERS 活性的 Au 纳米颗粒，该尺度下的"Au 纳米针"具有显著的 SERS 增强效应（类似于天线效应），其详细的增强机制正在进一步探讨中。此外，额外增长的比表面积使得针尖状 Si 纳米线能够承载更多的 AgNPs，同时在分析检测中能快速吸附更多的待测分子。

5.8 小　　结

（1）本章发展了一种大规模、低成本、可操控的针尖状 Si 纳米线丛林结构的制备方法，并以该法所制备的针尖状 Si 纳米线为模板原位负载了高密度的 Ag-NPs，进而实现了 3D 微纳米结构 SERS 基底的构建。

（2）研究结果表明，在 PECVD 的作用下，催化剂 Au 种子因不断损耗而导致其尺寸逐渐变小，进而实现了针尖状 Si 纳米线的诱导生长，且所制备的 Si 纳米针顶端残留具有 SERS 活性的 AuNPs。通过氢氟酸处理的针尖状 Si 纳米线具有微弱的还原性，能够在室温条件下实现 AgNPs 的快速原位负载。

（3）所制备的 AgNPs 修饰的针尖状 Si 纳米线丛林结构具有较高的 SERS 增强效应，对 R6G 的检出限低至 0.1pM。重要的是，AgNPs 修饰的针尖状 Si 纳米线其增强效应要比同等条件下 AgNPs 修饰的圆柱形 Si 纳米线强十多倍。此外，后续的相关研究表明，这种针尖状 Si 纳米线的制备方法也适合于构建其他类型的针尖状半导体纳米线，例如针尖状 Ge 纳米线、针尖状 Si-Ge 核壳结构等等，具有一定的普适性和推广价值。

6

三维分级结构高性能SERS基底的设计与应用

6.1 引　言

　　传统 SERS 基底的"热点"空间分布大多为 0D 点状、1D 线状或 2D 面状，这与拉曼光谱仪中激光共焦量的 3D 空间极度不相匹配。如何解决这一问题并提高 SERS 技术的分析检测能力依然是一个巨大的挑战[160]。

　　伴随着各种纳米材料的竞相出现，以及对可靠、可控、便于实际应用的 SERS 基底的迫切需求，设计和构建具有高电磁场强度的 3D 微纳米结构已成为 SERS 研究领域最具有研究价值的课题之一。尽管 Renishaw 公司已经成功开发出了商业化的 Klarite SERS 基底，为生命科学和现代分析测试技术提供了一种全新的解决方案，但是制备出高灵敏、可重现、适合于实际应用的廉价 SERS 基底仍然是当前所面临的难题。目前，SERS 基底主要可分为以下三类：

　　（1）贵金属纳米胶体，如 Au 或 Ag 的纳米球[161]、纳米立方体[162,163]、量子点等等。通常，将这些纳米胶体与待测组分充分混合后旋涂于固相基底表面即可实现 SERS 基底的构建。然而，该基底所产生的"热点"往往为 2D 平面状，且大多随机分布；

　　（2）贵金属微纳米阵列结构，如 Au 或 Ag 的纳米线阵列[164]、3D 刺球自组装结构、纳米棒阵列、蝴蝶翅片结构等等[165]。但该类阵列结构 SERS 基底制备流程比较烦琐，且生产成本相对较高；

　　（3）贵金属纳米颗粒修饰的 3D 微纳米结构复合 SERS 基底[166-169]。由于具有较大的比表面积和分层的模板支架，该结构能负载高密度的贵金属纳米颗粒，进而在 3D 空间产生与激光共焦量相互匹配的 3D"热点"。此外，较大的比表面积亦能吸附更多的待测物分子，进一步促进了痕量浓度下 3D SERS 基底的实际应用[170-172]。

　　在前期的研究中，本研究小组先后构建了具有 SERS 活性的 Ag 枝晶微纳米结构、针尖状 Si 纳米线以及 Si/Ge 核壳纳米线，并探索了其生长机理和相关应用。此外，Sun 等人[173]在液相中合成了微米尺度的 Ag 枝晶，其增强因子约为 5.78×10^3。Li 等人[174]则实现了铝箔表面 Ag 枝晶微纳米结构的伽伐尼置换，且增强因子增至 4.3×10^5。很显然，Ag 枝晶因具有独特的分叉支架和显著的增强特性而备受关注。为了进一步提高 Ag 枝晶 SERS 基底的增强特性，并在 3D 空间内产生与激光共焦量相互匹配的 3D"热点"，一个颇具发展前景的方案就是构建 3D 分层结构。基于此，Ren 等人[175]利用化学法成功制备了具有分层分支结构的 Ag 枝晶。然而，这些分支结构大多为圆柱形，且密度低、尺寸短、生物相容性差，尚无法实现功能化 SERS 基底的各项检测。

鉴于 Si 纳米材料本身具有的生物相容性、化学稳定性、亲水性以及发光猝灭特性等而被作为一种重要的模板支架，本章拟着重研究 Ag 枝晶表面针尖状 Si 纳米线的嫁接，进而实现 3D 分层结构的 Ag 枝晶构建。该结构预期应具有以下特点：①作为 Ag 枝晶的次级支架，Si 纳米针利用自身的还原性可实现 AgNPs 的绿色原位负载；②高密度的分层支架有效弥补了枝晶结构的空间空位；③嫁接后的枝晶具有更高的比表面积；④基底界面为亲水性且生物相容性良好；⑤与圆柱形嫁接材料相比较，针尖状 Si 纳米线具有独特的 SERS 增强效应。

6.2 AgNPs 修饰的仙人掌状 Ag 枝晶/Si 纳米针 SERS 基底的制备

6.2.1 衬底预处理

硅基 Ag 枝晶的形貌、尺寸、密度等受基底表面杂质影响非常明显，因此在 Ag 枝晶生长前需要对基底进行严格清洗。本文选用单面抛光的单晶 Si 片作为 Ag 枝晶的生长基底，详细的清洗步骤如前文所述。

6.2.2 构建 Ag 枝晶微纳米结构

首先将清洗干净的 Si 片置入 5%的氢氟酸溶液中浸泡 30s 以去除 Si 表面的自然氧化层，随后将去除氧化层的 Si 片水平浸入氢氟酸和硝酸银的混合溶液中，沉积时间范围为 2~60min，氢氟酸和硝酸银的体积比为 1:1，浓度分别为 0.05~2.4M 和 0.01~0.1M。

6.2.3 Ag 枝晶表面 Si 纳米针的嫁接生长

在所制备的 Ag 枝晶表面溅射一层厚约 10nm 的 Au 催化剂，随后将基底转入 PECVD 沉积腔内，控制沉积温度 600℃，氢气流量 20sccm，硅烷流量

5~40sccm(sccm,标准 mL/min)，沉积压力 20~100Pa，射频功率 20~100W，15~45min 后即可成功实现 Ag 枝晶表面 Si 纳米针的嫁接生长。

6.2.4　Si 纳米针表面 AgNPs 的修饰

采用伽伐尼置换完成 Si 纳米针表面 AgNPs 的原位沉积：将所制备的仙人掌状 Ag 枝晶/Si 纳米针浸入 5%HF 溶液中 2min，随后快速将其转入一定浓度的硝酸银溶液中静置 1min 即可实现 AgNPs 的原位沉积。

6.3　主要实验过程

（1）采用湿化学法制备 Ag 枝晶：将切割好的硅片($2×2cm^2$)清洗干净后浸入 5%的氢氟酸溶液中 30s 以去除氧化层。随后，在室温条件下将其浸入硝酸银溶液(5mL，20mM)和氢氟酸溶液(5mL，50mM)的混合液中，沉积 1h 后即可得到大量的硅基 Ag 枝晶微纳米结构。

（2）利用 PECVD 实现 Ag 枝晶表面 Si 纳米针的嫁接生长：在所制备的 Ag 枝晶表面溅射一层厚约 10nm 的 Au 催化剂，随后将其转入 PECVD 沉积腔内，控制反应温度 600℃，氢气流量 20sccm，硅烷流量 5~40sccm，沉积压力 20~100Pa，射频功率 20~100W，15~45min 后即可成功嫁接 Si 纳米针。

（3）通过伽伐尼置换完成 Si 纳米针表面 AgNPs 的原位沉积：将所制备的仙人掌状 Ag 枝晶/Si 纳米针浸入 5%的氢氟酸溶液中 2min，随后快速将其转入一定浓度的硝酸银溶液中，静置 1min 即可实现 AgNPs 的绿色原位沉积(还原过程中无"添加剂")。

（4）评估所制备 SERS 基底的增强特性、重现性、选择性以及抗干扰能力，同时也进一步考察 SERS 基底的实用性。

6.4　实验结论与分析

6.4.1　仙人掌状 SERS 基底的设计与构建

图 6-1 展示了 AgNPs 修饰的 Ag 枝晶/Si 纳米针 3D SERS 基底的设计原理及

制备流程。首先，将切割好的硅片（2×2cm²）依次使用丙酮和酒精超声清洗数分钟，然后迅速浸入到5%的氢氟酸溶液中。

如硅片存放时间较长或表面有机污染比较严重，则优先采用 piranha 溶液清洗（将切割好的硅片小心置入30%H_2O_2和98%浓H_2SO_4以1:3的体积比配制而成的混合溶液内，浸泡1h后再依次使用酒精和去离子水清洗。由于 piranha 溶液具有很强的氧化性，在使用过程中需要非常谨慎，以免造成伤害）。

将清洗后的硅片水平置入硝酸银和氢氟酸的混合溶液中，静置一段时间后即可获得硅基 Ag 枝晶微纳米结构（参见图6-1，步骤Ⅰ）。通过步骤Ⅰ，单晶硅片逐渐转变为准3D 的 Ag 枝晶微纳米结构，其主干长1.6~4μm，分支间距100~200nm，分支直径约300nm。随后，在所制备的 Ag 枝晶表面溅射一层催化剂 Au 膜，并转入 PECVD 沉积腔内。当温度缓慢上升至873K 时，Au 膜将发生去润湿过程并在 Ag 枝晶表面逐渐形成催化液滴（参见图6-1，步骤Ⅱ）。

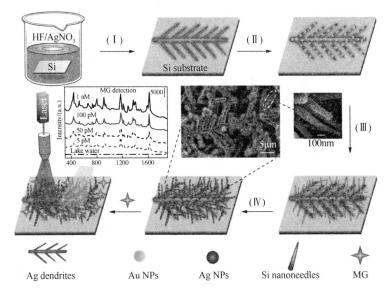

图6-1　AgNPs 修饰的仙人掌状 Ag 枝晶/Si 纳米针 SERS 基底的设计原理及制备流程

将硅烷导入高温沉积腔，在等离子体和高温的作用下硅烷快速热解成SiH_x。在 PECVD 条件下，气相中的SiH_x将吸附并溶入催化剂液滴。当溶入的 Si 组分达到饱和后，Si 纳米针即通过 VLS 机制析出并逐渐生长于 Ag 枝晶表面（参见图6-1，步骤Ⅲ）。

由于催化液滴会逐渐损耗进而导致其尺寸越来越小，因此由其催化生长的 Si 纳米线其尺寸也逐渐变小，从而实现了针尖状 Si 纳米线的嫁接生长[176]。鉴于氢终端的 Si 纳米针自身具有一定的弱还原性，原位负载高密度的 AgNPs 可通过伽伐尼置换成功实现(参见图 6-1，步骤 IV)[177]。

6.4.2　枝晶表面 Si 纳米针的嫁接与表征

虽然硅基 Ag 枝晶可直接用作 SERS 基底，但考虑到 3D 空间内需构建与激光共焦量相互匹配的 3D"热点"，本研究工作进一步构建了 AgNPs 修饰的 Ag 枝晶/Si 纳米针微纳米结构。其分层的 Si 纳米针支架有利于高密度的 3D"热点"在 3D 空间内有序排列，同时，亲水性的 Si 支架极大地促进了待测物分子的均匀吸附，有效地改善了 SERS 分析结果的重现性。

图 6-2 展示了 SERS 基底从准 3D 的硅基 Ag 枝晶逐渐演变成为 AgNPs 修饰的仙人掌状 Ag 枝晶/Si 纳米针的全过程。图 6-2 中，($a_1 \sim a_3$)为利用湿化学法所制备的 Ag 枝晶微纳米结构 SEM 图像。与先前的报道相类似[174]，Ag 枝晶均匀地沉积在基底上且表面光滑。通过控制混合溶液的浓度、构成比例以及沉积时间，Ag 枝晶的形貌与结构可以得到有效地调控并优化。

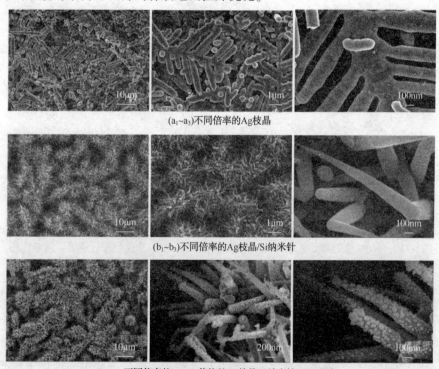

($a_1 \sim a_3$)不同倍率的Ag枝晶

($b_1 \sim b_3$)不同倍率的Ag枝晶/Si纳米针

($c_1 \sim c_3$)不同倍率的AgNPs修饰的Ag枝晶/Si纳米针SERS基底

图 6-2　仙人掌状 SERS 基底各阶段不同倍率的 SEM 图

经过 PECVD 过程后，高密度的 Si 纳米针成功嫁接到 Ag 枝晶表面，起初光滑的 Ag 枝晶迅速扩展成仙人掌状微纳米结构，其典型的 SEM 图像如图 6-2(b_1 ~ b_3) 所示。由图可见，Si 纳米针的长为 600nm ~ 1.2μm，底部直径约为 150nm，且针尖顶端通常残留有未消耗完毕的催化剂 Au 颗粒[Au 纳米颗粒参见图 6-3(c_2)]。

重要的是，所嫁接的 Si 纳米针分层支架兼具亲水性和微弱的还原性，它不仅极大地改善了基底界面的润湿性能，并且实现了 AgNPs 的高密度原位沉积[如图 6-2(c_1 ~ c_3)]。

先前的研究详细阐述了不同基底表面针尖状 Si 纳米线的界面演变机制，研究结果表明，通过调控 PECVD 工艺参数，如沉积时间、前驱体分压、沉积温度等能有效控制基底表面针尖状 Si 纳米线的生长长度。

图 6-3 显示了在不同的 PECVD 沉积时间内，Ag 枝晶微纳米结构表面 Si 纳米针长度的动态演变过程。当沉积时间由 15min 增至 45min 时，Si 纳米针的平均尺寸依次从 200nm 延伸至 1.2μm。而促进 Si 纳米针的延伸生长能有效提高 3D 分层结构的比表面积和承载能力。

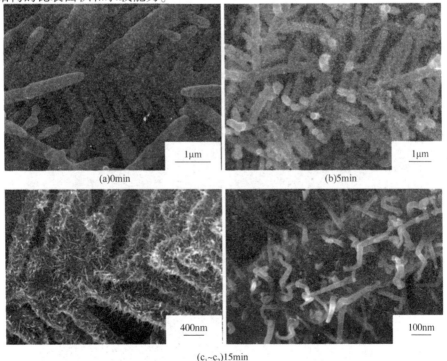

(a)0min

(b)5min

(c_1 ~ c_2)15min

图 6-3 不同的沉积时间内 Ag 枝晶表面所嫁接的 Si 纳米针 SEM 图(一)

75

(d₁~d₂)45min

图 6-3　不同的沉积时间内 Ag 枝晶表面所嫁接的 Si 纳米针 SEM 图(二)

　　为了获得样品表面的成分信息，采用 EDS 对所制备的仙人掌状 Ag 枝晶/Si 纳米针微纳米结构进行了元素分析，结果如图 6-4 所示。图 6-4(a)为原始的 Ag 枝晶微纳米结构 SEM 图像，经过短暂的 PECVD 沉积过程后(5min)，图 6-4(b)中可清晰地发现大量细小的 Si 针尖开始在 Ag 枝晶表面均匀地析出并生长。图 6-4(c)和(d)分别为 Ag 和 Si 两元素的面分布分析，该结果表明所制备的样品为 Ag/Si 二元复合结构，且二者均匀分布。

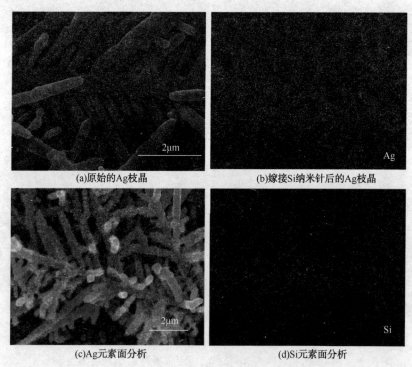

(a)原始的Ag枝晶　　　　　　　(b)嫁接Si纳米针后的Ag枝晶

(c)Ag元素面分析　　　　　　　(d)Si元素面分析

图 6-4　仙人掌状 Ag 枝晶/Si 纳米针微纳米结构的 EDS 分析

6.4.3 AgNPs 修饰的仙人掌状 Ag 枝晶/Si 纳米针

最近的研究表明，AgNPs 的形貌、尺寸、密度以及颗粒间的隙缝宽度等将影响 SERS 基底的增强特性。由于氢终端的 Si 纳米针具有微弱的还原性，因此可通过调节硝酸银溶液的浓度来实现 Si 纳米针表面 AgNPs 的有效调控和分层结构 SERS 基底的构建，进而实现基底材料 SERS 性能的优化。

图 6-2($c_1 \sim c_3$) 中，Si 纳米针利用自身的还原性成功负载了具有 SERS 活性的 AgNPs，经分析统计 AgNPs 的尺寸为(27.0 ± 8.3) nm。当硝酸银的浓度从 5×10^{-3} M 逐渐稀释至 5×10^{-6} M 时，Si 纳米针表面 AgNPs 的形态亦随之变化，结果如图 6-5 所示。实验表明，过高的硝酸银浓度(5×10^{-3} M)将导致 Si 纳米针表面 AgNPs 快速析出，并逐渐团聚成不规则的块状结构[图 6-5($a_1 \sim a_2$)]。然而，当其浓度过低时(5×10^{-6} M)，所原位沉积的 AgNPs 粒径小、分布稀、生成速率慢，且颗粒间较宽的隙缝亦不利于"热点"的产生[图 6-5($d_1 \sim d_3$)]。

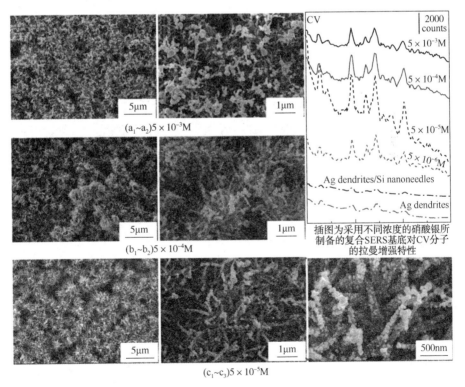

图 6-5 AgNPs 修饰的仙人掌状 Ag 枝晶/Si 纳米针微纳米结构 SEM 图(一)

77

$(d_1 \sim d_3)$—5×10^{-6}M

图 6-5　AgNPs 修饰的仙人掌状 Ag 枝晶/Si 纳米针微纳米结构 SEM 图(二)

图 6-5 中插图为基于不同硝酸银浓度所制备的 SERS 基底对结晶紫(Crystal Violet，CV)的拉曼增强特性曲线。由于 Ag 枝晶的分枝分布过于稀疏，使得分枝之间的距离太大而无法产生高密度的"热点"，况且所产生的"热点"大多为 2D 平面结构，因此硅基 Ag 枝晶微纳米结构在 Si 纳米针嫁接前后均只能产生微弱的拉曼增强效应。然而，当 AgNPs 原位沉积于 Si 纳米针表面后，复合 SERS 基底的增强特性得到了明显改善。通过 Si 纳米针表面 AgNPs 的调控与优化，可实现复合 SERS 基底增强性能的最大化。实验结果表明，当仙人掌状 Ag 枝晶/Si 纳米针经 5×10^{-5}M 硝酸银溶液浸泡后，所制备的复合 SERS 基底对探针分子产生了最强的增强信号。

为了验证 Si 纳米针成功嫁接于 Ag 枝晶，以及 AgNPs 原位沉积于 Si 纳米针表面，图 6-6 分别采用 XPS、XRD、EDS 以及 UV-Vis 吸收光谱对所制备的复合 SERS 基底进行了详细地表征。图 6-6(b)为 AgNPs 修饰的 Ag 枝晶/Si 纳米针 SERS 基底的 XPS 全谱图，C、O、Si 和 Ag 四元素特征峰清晰可见(其中 C 元素来源于基底表面吸附的乙醇)。由图 6-6(c)(d)和(e)可知 O 元素主要来自于 Si 纳米针表面的氧化层。当氧化态的银离子吸附于氢终端的 Si 纳米针表面时，银离子被快速原位还原(AgNPs 的析出)，而氢终端的 Si 则被氧化成二氧化硅薄膜。

由于 XPS 中 X 射线的穿透深度约为数微米并可直接探测到硅基底，因此根据 Si 的 XPS 光谱[图 6-6(c)]无法完全证实所嫁接的分枝结构为 Si 纳米针。同样，由于硅基 Ag 枝晶的存在，根据 Ag 的 XPS 光谱[图 6-6(e)]也无法确定 Si 纳米针表面原位沉积的纳米颗粒为 AgNPs。而在图 6-6(a)中，底部曲线为 Ag 枝晶/Si 纳米针的掠射 XRD 图谱，它有效地规避了硅基底的干扰，证实了枝晶表面所嫁接的针尖结构为 Si 纳米针。图 6-6(a)中，上部曲线为 AgNPs 修饰的 Ag 枝晶/Si 纳米针复合基底 XRD 图谱，通过比较纳米颗粒修饰前后的衍射曲线以及

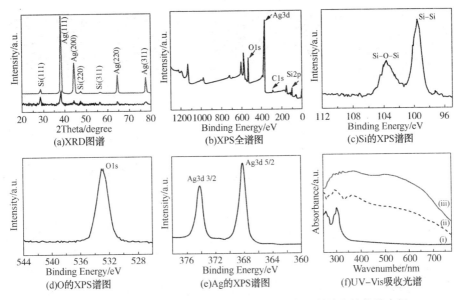

图 6-6　AgNPs 修饰的仙人掌状 Ag 枝晶/Si 纳米针微纳米结构的表征

Ag(111)/Si(111) 相对强度的变化可推断 Si 纳米针表面所沉积的纳米颗粒为 Ag-NPs。

图 6-6(f) 中，曲线(i)、(ii) 和(iii) 分别为 AgNPs 薄膜、Ag 枝晶/Si 纳米针以及 AgNPs 修饰的 Ag 枝晶/Si 纳米针三类微纳米结构的 UV-Vis 吸收光谱。图中可见，AgNPs 修饰的 Ag 枝晶/Si 纳米针的吸收带位于 450~700nm 之间，与 AgNPs 薄膜和 Ag 枝晶/Si 纳米针相比较，该吸收带显示出明显的宽化和红移，这主要归因于 AgNPs 较宽的尺寸分布以及 AgNPs 与 Si 纳米针之间的相互作用。而在后续的拉曼测试中我们主要选用激光波长为 633nm 的入射激光。

此外，EDS 分析结果(图 6-7)进一步给出了复合 SERS 基底表面的元素组成，并侧证了图 6-6 中 XPS 与 XRD 的推论。图 6-7(a) 为 AgNPs 修饰的 Ag 枝晶/Si 纳米针微纳米结构的 STEM 图像，图 6-7(b) 和图 6-7(c) 则分别展示了 STEM 图像中 Ag 枝晶及其表面所嫁接的 Si 纳米针的元素分布，该结果印证了 Si 纳米针的成功嫁接，与 XRD 的结论相一致。为了证实 AgNPs 的负载且描绘其分布状态，依次对 Si 纳米针及其表面负载的 AgNPs 进行了 EDS 分析。局部放大的 STEM 图像以及 Si 和 Ag 两元素的面分布图分别如图 6-7(d)(e) 和(f)所示，由图可见 Si 纳米针清晰可见，AgNPs 均匀分布于 Si 纳米针表面。

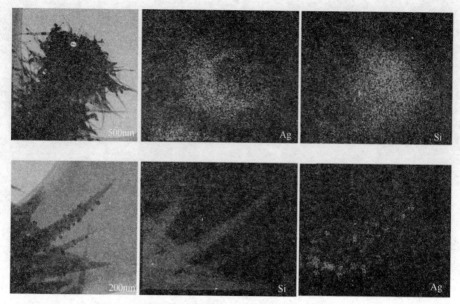

图 6-7　AgNPs 修饰的仙人掌状 Ag 枝晶/Si 纳米针 SERS 基底的 EDS 分析

图 6-8 为所制备的复合 SERS 基底表面湿润性能分析，由图可知 Ag 枝晶为疏水性，而 Si 纳米针为亲水性，它们的水接触角（Water Contact Angle，WCA）分别为 129.0°和 5.0°。当 Ag 枝晶表面成功嫁接 Si 纳米针后，Ag 枝晶的润湿性发生了逆转，其 WCA 从 129.0°降至 11.4°，该结果清晰地表明通过亲水性 Si 纳米针的嫁接可成功将疏水界面转变为亲水界面。当 AgNPs 原位沉积于 Si 纳米针表面后，复合 SERS 基底的 WCA 仅由 11.4°变为 14.0°，该结果表明 AgNPs 的负载最终并未改变仙人掌状复合 SERS 基底的湿润性能，其界面仍为亲水性。而亲水的界面将有助于待测物分子的均匀吸附，对复合 SERS 基底增强性能的提高以及分析结果重现性的改善极为有利[178,179]。

6.4.4　仙人掌状复合 SERS 基底增强特性分析

SERS 一直被公认为是一种超灵敏的快速分析手段，且常被用于复杂环境下低浓度待测物的特异性检测。当 SERS 基底与拉曼光谱仪相结合时，传统拉曼光谱与生俱来的微弱信号将被放大数百万倍。而快速准确地量化 SERS 基底的增强特性，将为 SERS 基底的设计与增强机理的研究提供丰富的信息，进而促进 SERS 技术的实际应用。

本章拟采用 CV，一种广泛使用的 SERS 探针分子，来初步评价所制备的复

(a)Ag膜	(b)Si基底	(c)Si纳米针
(d)Ag枝晶	(e)Ag枝晶/Si纳米针	(f)AgNPs修饰的Ag枝晶/Si纳米针 SERS基底

图 6-8　所制备的 SERS 基底表面湿润性能(水接触角)分析

合 SERS 基底(AgNPs 修饰的 Ag 枝晶/Si 纳米针)的增强特性以及分析检测能力。

首先,配制浓度为 1mM 的 CV 溶液,然后依次用水稀释成一系列不同的浓度梯度。随后,将制备好的 SERS 基底裁剪成尺寸均一的薄片,并依次浸入不同浓度的 CV 溶液中($10^{-12} \sim 10^{-6}$M)。浸泡 20min 后将吸附探针分子的 SERS 基底取出并采用去离子水漂洗,室温条件下干燥后对其进行拉曼测试。参考所制备 SERS 基底的 UV-Vis 吸收光谱[图 6-6(f)]以及具体的拉曼光谱仪配置,实验中主要选用激发波长为 633nm 的单色激光。图 6-9(a)为不同浓度的 CV 分子在增强基底上的 SERS 光谱,图中清晰可见 CV 分子的拉曼特征峰,其中 1179cm^{-1}、1378cm^{-1} 和 1620cm^{-1} 分别归属于环碳-氢面内振动、苄基-氮伸缩振动和环碳-碳伸缩振动模式。

对于增强基底而言,SERS 分析最重要的一项性能指标就是检测极限。采用所制备的增强基底对 CV 分子进行 SERS 分析检测,其检测极限可低至到 10^{-12}M[图 6-9(a)]。该结果表明 AgNPs 修饰的 Ag 枝晶/Si 纳米针 SERS 基底不仅具有明显的拉曼增强效应,而且能实现 CV 分子的高灵敏检测。

除了凭借探针分子的检测极限来定性表征 SERS 基底的增强效应外,亦可通过增强因子(Enhancement Factor, EF)来定量反映 SERS 基底的增强能力。我们仍以 CV 分子为探针,以 AgNPs 修饰的 Ag 枝晶/Si 纳米针为增强基底来计算基底的

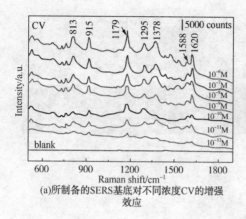 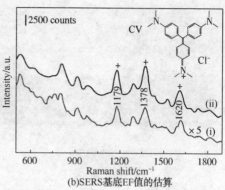

(a)所制备的SERS基底对不同浓度CV的增强效应

(b)SERS基底EF值的估算

图 6-9　拉曼测试

EF 值，它能更加直观地表征 SERS 基底的增强效应，EF 计算方法[180]如下：

$$EF = \frac{I_{SERS} \cdot N_{RS}}{I_{RS} \cdot N_{SERS}} \tag{6-1}$$

式中　I_{SERS}——吸附在 SERS 基底表面 CV 分子某一振动形式的拉曼信号强度；

I_{RS}——对比基底表面 CV 分子某一振动形式的拉曼信号强度；

N_{SERS}——SERS 基底表面激光光斑聚焦范围内 CV 分子数目；

N_{RS}——对比基底表面激光光斑聚焦范围内 CV 分子数目。

选定一个裁剪好的矩形 SERS 基底($3\times3mm^2$)，将 $10\mu L$ 预先配置好的 CV 溶液(1nM)滴加到 SERS 基底表面，由于基底的亲水性，探针分子将快速均匀地覆盖整个矩形基底表面，待溶液干透后采集其 SERS 信号。同样，将 $10\mu L0.01M$ 的 CV 溶液滴加到预先裁剪好的硅基底上($2\times2cm^2$)，基底表面将会形成一个椭圆的液滴。在液滴蒸干后测量基底表面所呈现出的环形印痕直径(直径约为 3.12mm，假定干燥过程中液滴在硅基底表面均匀铺展，且 CV 分子为均匀吸附)，然后对其进行拉曼光谱测量，所采集的拉曼光谱如图 6-9(b)所示。

此外，根据拉曼光谱测量时所选用的物镜型号、数值孔径以及激发光源波长可计算出激光聚焦光斑直径(d)。假设激光在样品表面的受激发体积为圆柱形区域，激光聚焦光斑尺寸(d)可由公式(6-2)计算：

$$d = \frac{1.22 \cdot \lambda_{laser}}{NA} \tag{6-2}$$

式中　λ_{laser}——入射激光波长；

NA——数值孔径。

由于所采用的激光波长 λ_{laser} 为 633nm，NA 为固定参数，激光功率约为 1.7mW，光谱采集的曝光时间为 10s，通过计算可得激光聚焦光斑尺寸(d)约为 1μm。如选择 CV 分子 1179cm^{-1} 处的特征峰来计算 EF 值，根据图 6-9(b)中拉曼光谱图可知特征峰 1179cm^{-1} 处 I_{SERS} 和 I_{RS} 的值分别为 4212 和 714。N_{RS} 为对比基底表面激光激发体积中 CV 分子的数量，具体计算为：10μL×0.01mol·L^{-1}×6.02× 10^{23}×π(0.5μm)^2/π(1.56mm)^2，结果近似为 5.9×10^9。同样，N_{SERS} 为增强基底表面激光激发体积内所吸附的 CV 分子数量，根据相应的公式计算为：10μL× 10^{-9}mol·L^{-1}×6.02×10^{23}×π(0.5μm)^2/9mm^2，结果近似为 520。将 I_{SERS}、I_{RS}、N_{SERS} 和 N_{RS} 代入 EF 计算公式(6-1)，计算得 EF 为 6.6×10^7。该结果表明所制备的仙人掌状复合 SERS 基底具有良好的拉曼增强效应，并有望与便携式拉曼光谱仪集成而成为一种高灵敏的表面物种检测平台。

SERS 信号的可重现性是 SERS 分析检测中一个至关重要的因素，它主要取决于 SERS 基底的均一性。为了评估复合 SERS 基底(AgNPs 修饰的 Ag 枝晶/Si 纳米针)的均一性和检测结果的重现性，我们以 MG 为探针分子，在所制备的 SERS 基底表面随机选取 30 个不同位点进行拉曼测试，结果如图 6-10(a)所示。图中可见，所测得的拉曼光谱图基本一致，且均清晰地展现了 MG 分子的特征拉曼散射，如 1173cm^{-1}、1368cm^{-1}、1619cm^{-1} 等等。

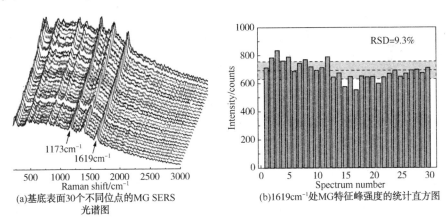

(a)基底表面30个不同位点的MG SERS 光谱图

(b)1619cm^{-1}处MG特征峰强度的统计直方图

图 6-10　所制备的 SERS 基底均一性与检测重现性分析

图 6-10(b)为上述 30 个不同位点表面，探针分子 1619cm^{-1} 处拉曼特征峰强度的数值统计分析，据此可推算出该峰位的相对标准偏差(Relative Standard Deviations，RSD)。实验结果显示，MG 分子在 1619cm^{-1} 处的特征峰强度变化不大，RSD 约为 9.3%，该结果表明所制备的复合 SERS 基底具有较高的均一性和检测

重现性。此外，与原始的 Ag 枝晶 SERS 基底相比较，复合 SERS 基底的 *RSD* 值降低了 1 倍以上(Ag 枝晶 *RSD* 为 21.3%，详见图 6-11)。

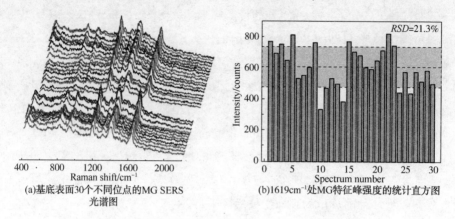

(a)基底表面30个不同位点的MG SERS 光谱图

(b)1619cm⁻¹处MG特征峰强度的统计直方图

图 6-11　Ag 枝晶微纳米结构 SERS 基底均一性与检测重现性分析

6.4.5　复合 SERS 基底对 MG 的高灵敏检测

自 1761 年人类首次应用硫酸铜防治小麦腥黑穗病以来，化学农药得到了快速发展并在农业生产、畜牧、水产养殖中大量广泛使用。然而，部分农药制剂存在高毒性、高残留、污染严重等特点，在缺乏监管及过度使用的情况下常导致严重的环保和安全问题。孔雀石绿(Malachite Green，MG)，又称为苯胺绿，是一种典型的三苯甲烷型染料，常被用作杀虫剂防治瓜果、蔬菜、烟草等苗期的病虫害，亦可用作抗真菌试剂治理鱼类或鱼卵表面的寄生虫、真菌以及细菌感染。考虑到 MG 的高毒性、高残留、致畸性和致癌性，许多国家已明令禁止其在水产养殖中使用。但受经济利益的驱动，这类效率高且价格低廉的抗真菌剂常被养殖场非法使用并排入环境中，使得水体、土壤、以及生态环境受到了严重污染，进而危害到人类的健康与生存[181]。

目前，MG 的检测方法主要有薄层层析法 (Thin - Layer Chromatography，TLC)、分光光度法、高效液相色谱法(High Performance Liquid Chromatography，HPLC)、液质联用法(Liquid Chromatography-Mass Spectrometry，LC-MS)、电化学分析法以及酶联免疫检测法(Enzyme-Linked Immuno Sorbent Assay，ELISA)等等。然而在实际应用中，这些测定方法常因制样过程复杂、操作步骤烦琐且需要昂贵的设备和专业人员等原因而受到限制。SERS 技术具有灵敏度高、选择性强、制样方便、样品需求量少且不破坏样品等优点而备受关注。当 MG 分子吸附到

SERS 基底表面时，在一定波长激光的激发下，其拉曼信号因基底表面局域电磁场的存在而被显著增强，从而实现了痕量 MG 分子的分析检测。

本章拟利用所制备的复合 SERS 基底（AgNPs 修饰的仙人掌状 Ag 枝晶/Si 纳米针）来实现不同浓度 MG 溶液的分析检测。实验中首先将 MG 粉末用去离子水配制成浓度为 1mM 的储备液，然后再依次稀释成一系列不同的浓度。将制备好的仙人掌状复合 SERS 基底裁剪成大小相同的尺寸，并分别浸入不同浓度的 MG 溶液中（ $10^{-13} \sim 10^{-6}$ M）。浸渍 20min 后将吸附有 MG 分子的 SERS 基底取出，用去离子水漂洗、干燥。随着水分的蒸发，复合 SERS 基底将与吸附的 MG 分子相互作用并牢固吸附在基底表面。

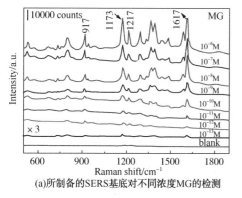

(a)所制备的SERS基底对不同浓度MG的检测

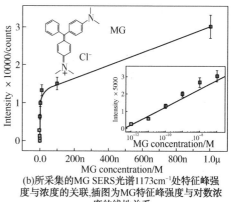

(b)所采集的MG SERS光谱1173cm^{-1}处特征峰强度与浓度的关联,插图为MG特征峰强度与对数浓度的线性关系

图 6-12　基底性能测试

图 6-12（a）展示了所制备的仙人掌状 3D 复合 SERS 基底对不同浓度 MG 溶液的 SERS 分析检测。由图可见，所采集的八组拉曼光谱均含有 MG 的特征散射峰，如 917cm^{-1}、1173cm^{-1}、1217cm^{-1}、1368cm^{-1} 以及 1617cm^{-1}。当 MG 溶液的浓度低至 10^{-13} M 时，图中 MG 特征散射峰仍清晰可辨。实验结果表明所制备的 SERS 基底对 MG 具有明显的增强效应，其检测极限可达 10^{-13} M。该检出限远低于 MG 在水产品中检出率 $1\mu g \cdot kg^{-1}$（GB/T 19857—2005《水产品中孔雀石绿和结晶紫残留量的测定》），且足以满足日常生活中各类微量 MG 残留的分析检测[182]。与传统的检测法相比较，基于 AgNPs 修饰的 Ag 枝晶/Si 纳米针复合基底的 SERS 检测不仅展现出了更高的检测灵敏度，而且响应速率快、性价比高，具有一定的现场适用性。

除了灵敏度高、特异性强、重现性好、操作简便等优点外，研究结果表明 SERS 技术也可实现待测物的定量分析。图 6-12(a)为所制备的复合 SERS 基底对不同浓度 MG 溶液的 SERS 分析检测，图中可明显观察到 MG 的散射信号(特征峰强度)随着 MG 摩尔浓度不断降低而单调下降。与空白实验相比较，当 MG 的浓度低至 10^{-13}M 时，在 1173cm^{-1} 和 1617cm^{-1} 峰位处依然可识别 MG 的特征拉曼散射信号。

在图 6-12(b)中，归属于环碳-氢面内振动的特征峰(1173cm^{-1})被用来关联 MG 溶液的浓度与 SERS 特征峰信号强度。图中右下角插图清晰地展示了 1173cm^{-1} 处特征峰信号强度与 MG 对数浓度之间的线性关系，其线性回归方程为：

$$I_{1173} = 2550 \cdot \log c_{MG} + 31687 \qquad (6-3)$$

式中　I_{1173}——1173cm^{-1} 处特征峰信号强度；

　　　c_{MG}——待测 MG 溶液的摩尔浓度；

　　　线性相关系数 $R^2 = 0.97$。

该结果表明 SERS 特征峰的峰位不仅可鉴定待测物的种类，其对应的峰值强度也可用来定量表征待测物的浓度。基于该线性回归方程和待测溶液的 SERS 特征峰信号强度可快速实现 MG 的定量分析，为 MG 的精确测定提供了一种新的方法。

此外，为了评估所制备的仙人掌状 3D 复合 SERS 基底的选择性，几类常见的生物有机分子如尿素(Urea)、葡萄糖(Glucose)、牛血清蛋白(Bovine Serum Albumin，BSA)和左旋谷酰胺(L-glutamine)等，分别被加入待测的 MG 溶液中，经充分混合后再次评价复杂体系中 SERS 基底对 MG 的分析检测能力。

如图 6-13(a)所示，与空白实验(曲线 i)相比较，生物有机分子的添加导致了背景信号的产生并使得拉曼光谱的基线开始逐渐偏移。然而，四组拉曼光谱图中(曲线 ii、iii、iv 和 v)均能清晰识别 MG 的特征散射峰(如 1617cm^{-1} 处)。实验结果表明复杂的样品体系并未对 MG 的分析检测造成干扰和影响，这是由于拉曼光谱的特异性决定的。图 6-13(b)为图 6-13(a)中矩形区域的局部放大图，位于 1617cm^{-1} 处的特征散射峰归属于 MG 的环 C—C 伸缩振动。很显然，除了特征峰信号强度略微下降外，几类生物有机分子的添加并未造成明显的拉曼频移。

当有机添加物为葡萄糖、BSA 和 L-glutamine 时，与空白组和尿素组实验相比较，所采集的拉曼光谱展示了更多的杂质峰和背景信号。这些背景信号可能来源于有机物中所含的—CH$_2$OH、—CHOH—、—NH$_2$ 和—CO—等官能团。实验结

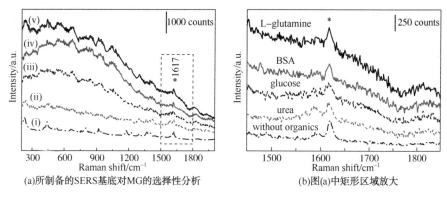

(a)所制备的SERS基底对MG的选择性分析　　(b)图(a)中矩形区域放大

图6-13　选择性分析

果显示，MG 位于 1617cm⁻¹ 处的特征拉曼峰并未受到明显的干扰。这些官能团的存在并不妨碍 MG 在复杂体系中的分析检测，该结果也证明了所制备的复合 SERS 基底具有较高的选择性。

除了上述生物有机分子外，与 MG 化学结构极为相似的 *CV* 也常被用来测试所制备 SERS 基底的选择性。如图 6-9(b) 和 6-12(b) 插图所示，*CV* 和 *MG* 均属于三苯甲烷染料，且具有相似的分子结构，因此它们拉曼光谱非常相似。如何快速准确地鉴定混合溶液中 *MG* 和 *CV* 的含量对 SERS 技术而言依然是一个巨大的挑战。

如图 6-14 所示，随着 *CV* 含量不断增加，图 6-14(a) 中拉曼光谱图 1171cm⁻¹ 处的特征峰强度几乎是逐步递增的，而处于 1219cm⁻¹ 的特征峰强度却依次减少，两处特征峰分别归属于环 C—H 面内振动和 C—H 摇摆振动。在纯 CV 的拉曼光谱中(底部曲线)，其峰值强度 1171cm⁻¹/1219cm⁻¹ 的比例要比纯 MG(顶部曲线)高出很多。很明显，八组拉曼光谱的主要区别在于峰值强度 1171cm⁻¹/1219cm⁻¹ 的比例不同。

为了区分这两种结构相似的物质，我们采用所制备的复合 SERS 基底对不同比例的混合溶液进行了拉曼光谱测试[图 6-14(a)]。通过峰值强度 1171cm⁻¹/1219cm⁻¹ 的比例可进一步来定量分析混合物中 CV 与 MG 的摩尔百分含量。图 6-14(b) 为不同峰值强度 1171cm⁻¹/1219cm⁻¹ 的比例与 CV 含量的线性关系，该线性关系的建立使得混合溶液中 CV 和 MG 的定量分析成为可能。实验结果清晰地表明利用所制备的复合 SERS 基底能快速区分具有相似结构的化学成分，这对于未知试样的快速筛查及定量分析具有非常重要的意义。

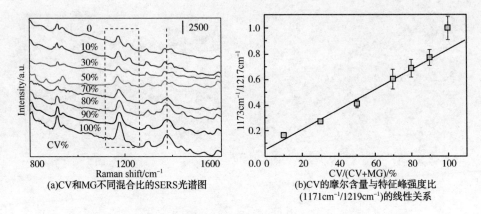

(a)CV和MG不同混合比的SERS光谱图

(b)CV的摩尔含量与特征峰强度比
(1171cm^{-1}/1219cm^{-1})的线性关系

图6-14 所制备的 SERS 基底对 CV 和 MG 的鉴别

此外，CV 和 MG 的拉曼谱图也存在一些其他的细微差别，例如 916cm^{-1}、1380cm^{-1}以及 1420cm^{-1}等处的相对峰值强度。这些细微的差别可能归因于 CV 比 MG 在结构上多一个 CH$_3$—N—CH$_3$基团。

为了进一步评估所制备的仙人掌状 3D 复合 SERS 基底在高盐浓度下的抗干扰特性，七种可能共存的金属离子(K^+、Na^+、Ca^{2+}、Mg^{2+}、Cu^{2+}、Ni^{2+} 和 Fe^{3+}) 被分别添加到待测 MG 溶液中，SERS 测试结果如图 6-15 所示。

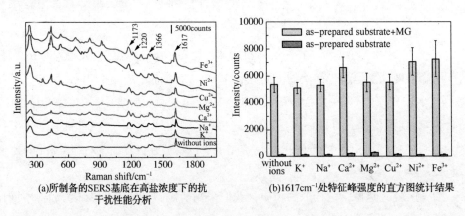

(a)所制备的SERS基底在高盐浓度下的抗
干扰性能分析

(b)1617cm^{-1}处特征峰强度的直方图统计结果

图6-15 抗干扰测试

图 6-15(a) 中，所有的拉曼光谱都清晰地呈现了 MG 分子的拉曼特征峰，如 1173cm^{-1}、1220cm^{-1}、1366cm^{-1}和 1617cm^{-1}。显然，这些溶液中共存的金属离子并没有导致拉曼频移发生明显的变化。图 6-16(b) 为峰位在 1617cm^{-1}处特征峰强度的统计直方图，由图可见在添加 K^+、Na^+、Mg^{2+}或 Cu^{2+}时，它们的平均特征峰

强度与纯 MG 溶液几乎是一致的。这些添加的金属离子几乎并没有影响 SERS 信号的强度以及分析测量的精度，该结果表明了所制备的复合 SERS 基底在高盐浓度下具有较强的抗干扰能力。然而，当加入的金属离子为 Ca^{2+}、Ni^{2+} 或 Fe^{3+} 时，特征峰强度发生了轻微的增强，而特征峰强度的提高有利于待测物分子的识别与鉴定，相关金属离子可能存在的增强效应正在研讨中。

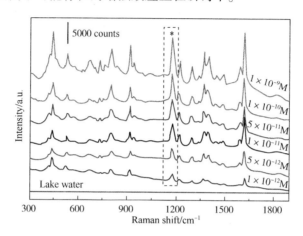

图 6-16　实际样本分析检测：湖水中 MG 的分析检测

6.4.6　复合 SERS 基底的实际应用——湖水中 MG 的定量分析

在水产养殖中，湖水中常常存在一些痕量的抗菌剂或消毒剂，它们大多来自人为的非法添加。然而，现场实时地分析检测环境中痕量的非法药物仍然是一项具有挑战性的工作：①SERS 检测中，痕量的有机小分子药物其灵敏度往往较低；②受部分杂质的拉曼散射干扰，复杂环境下药物分子的 SERS 检测其选择性可能会变差。

本研究所制备的 AgNPs 修饰的 Ag 枝晶/Si 纳米针增强基底在 SERS 检测中具有高的灵敏度、良好的重现性以及较强的抗干扰能力，且能方便地与手持式拉曼光谱仪集成，进而可实现待测物质的现场的实时分析，这是其他常规分析仪器所不具备的优势。

为了验证 SERS 基底的实用性，我们利用所制备的仙人掌状 3D SERS 基底完成了湖水中不同浓度 MG 的分析检测(湖泊水样采自本市城东)，结果如图 6-16 所示。在图 6-16 中，通过特征峰 $1173cm^{-1}$ 或 $1619cm^{-1}$ 处的峰值强度和先前的 MG 浓度与特征峰强度的线性关系，我们能够定量地计算出湖水中 MG 的残留浓度，结果见表6-1。

表 6-1 湖水中 MG 的分析检测及回收率估算

试样编号	加标含量/M	检测含量/M	回收率/%
I	1×10^{-12}	1.013×10^{-12}	101.3
II	5×10^{-12}	4.786×10^{-12}	95.7
III	1×10^{-11}	1.096×10^{-11}	109.6
IV	5×10^{-11}	4.570×10^{-11}	91.4
V	1×10^{-10}	0.924×10^{-10}	92.4
VI	1×10^{-9}	0.912×10^{-9}	91.2

此外，通过比较 MG 的已知浓度和 SERS 分析计算的 MG 浓度可进一步获得湖水中 MG 的回收率，其范围为 91.2%～109.6%，平均值为 96.9%（详细检测数据见表6-1），该实验结果证实了所制备的 SERS 基底在实际应用中准确性高、可靠性强。

6.4.7 Si 针尖的嫁接机理分析

图 6-17 为 Ag 枝晶表面 Si 纳米针的嫁接机理分析，我们主要以硅烷为反应前驱体气体，在 Ag 枝晶表面嫁接生长了高密度的针尖状 Si 纳米线。主要流程与机理如下：

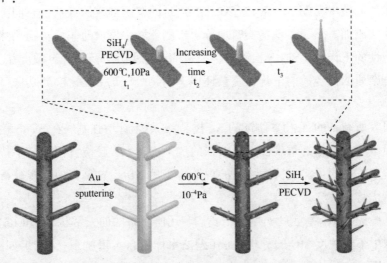

图 6-17 Ag 枝晶表面 Si 纳米针的嫁接机理分析

第一步，将湿化学法所制备的 Ag 枝晶置入小型离子溅射仪沉积一层 Au 催化剂；第二步，将溅射有 Au 催化剂的 Ag 枝晶直接置入 PECVD 反应腔内，至本底真空后升温至 400~800℃，催化剂 Au 在较高的温度下将形成催化剂液滴(去润湿阶段)；第三步，通入一定量的硅烷并开启射频电源，气氛中分解产生的 Si 组分会不断吸附到催化剂液滴表面并溶入液滴，在液滴达到过饱和后，Si 原子从液滴中析出并结晶；第四步，液滴中的 Si 组分在吸附饱和后会不断地析出并持续生长。然而，由于 Au 催化剂液滴在 PECVD 环境下会逐渐地损耗，导致催化剂的尺寸也逐渐变小，进而实现了针尖状 Si 纳米线的嫁接生长。大量的 Si 纳米针在 Ag 枝晶表面茂密地嫁接后即构成本文所述的仙人掌状 Ag 枝晶/Si 纳米针微纳米结构。

6.5 小　　结

（1）本章基于催化剂辅助的 VLS 生长机制，成功实现了 3D 或准 3D 模板支架表面针尖状 Si 纳米线的嫁接生长。以构建 3D 微纳米结构的 Ag 枝晶/Si 纳米针仙人掌 SERS 基底为例：通过湿化学法合成了准 3D 的 Ag 枝晶微纳米结构，随后在 Au 催化剂的辅助下，采用 PECVD 技术成功实现了 Ag 枝晶表面高密度 Si 纳米针的嫁接生长。

（2）实验结果显示，枝晶表面所嫁接生长的 Si 纳米针的尺寸以及 Si 纳米针表面所负载的 AgNPs 密度对仙人掌 SERS 基底增强性能的影响至关重要。将所制备的 SERS 基底应用于 MG 的快速检测，其检出限低至 0.1pM，相对标准偏差约为 9.3%，且具有良好的抗干扰特性。

（3）此外，湖水中 MG 的实际分析测试显示其回收率为 91.2%~109.6%，该实验结果证实了所制备的 SERS 基底在实际应用中准确性高、可靠性强，有望为环境水中痕量待测物组分的定量分析提供一种新的测试平台。

7

仿生有序阵列SERS基底的构建及超灵敏分析

7.1 引　言

与传统的 SERS 基底相比，具有分层结构的 3D 异质复合 SERS 基底引起了人们极大的关注。3D 异质复合基底自身具有独特的优势和特点：①3D 的分支结构使得基底能进一步扩大"热点"在 3D 空间的分布，进而增加基底的"热点"密度；②3D 微纳米结构 SERS 基底通常具有更大的比表面积，它能在检测过程中富集吸附更多的探针分子[182]；③构建"热点"密度高且分布均匀的高活性 SERS 基底不仅能确保高灵敏度的检测、改善分析结果的重现性，也极大地推进了 SERS 技术的实际应用。

目前，构建 3D 微纳米结构 SERS 基底的方法主要有自组装法、刻蚀法、模板法等。其中，自组装法往往难以控制，其法所制备的 SERS 基底重现性较差[183]。刻蚀法则需要专门的刻蚀剂或刻蚀设备，且生产成本高，容易造成环境污染。最近，利用模板法制备各类独特的 3D 复合 SERS 基底已被大量报道。该方法主要包括两个过程，即 3D 多层微纳米支架的构建和贵金属纳米颗粒的修饰。例如，贵金属金或银修饰的多孔阳极氧化铝（AAO）[184]、碳纳米管（CNTs）阵列[185]、二氧化钛（TiO_2）纳米线[186]、氧化锌（ZnO）纳米棒阵列等等[187,188]。然而，这类垂直的孔道（如 AAO、CNTs）和对齐的阵列结构（如 TiO_2、ZnO）并不太适合于贵金属纳米颗粒的高密度负载和均匀分布。此外，阵列结构的外表面和孔洞内壁对入射光的大量吸收与散射将造成入射光的传播效率极其低下，这些因素都导致了光的增强效率处于相对较低的水平[182]。

为了克服这些缺陷，解决这一难题，本章拟在垂直的阵列结构（如 ZnO 纳米棒阵列结构）表面嫁接多层的分支结构，进而实现高密度的 3D 分层支架、高密度的贵金属纳米颗粒以及高密度的 3D 空间"热点"。与传统的阵列结构相比较，具有分层结构的 3D 阵列能有效提高贵金属纳米颗粒的负载量和探针分子的吸附量，并有望极大地促进光的传播和利用效率，改善 SERS 检测的灵敏度与重现性，为实际样品的超灵敏分析奠定基础。

ZnO 是一类典型的宽禁带氧化物半导体，由于可自组装成一系列形貌各异且功能独特的微纳米结构而逐渐成为材料、催化、微电子学等领域竞相研制的热点。特别是 1D 的 ZnO 纳米阵列结构，已被开发成一个多功能的支架并得以广泛运用。同样，利用各种技术手段实现 1D ZnO 纳米阵列结构表面分枝结构的嫁接，进而获得独特的功能特性也引起了科学家们的极大关注。Liu 等人通过气相沉积合成了一种结构新颖的 ZnO/CuTCNQ 纳米树阵列（TCNQ = 8 - tetracyanoquinodime-thane），但该方法仅能产生低密度的圆柱形纳米分支，且有机的 CuTCNQ 分枝结构无法进一步实现贵金属纳米颗粒的组装[189]。

硅纳米材料由于其良好生物相容性，稳定的化学性质，且能有效猝灭激发态荧光干扰而被作为一类为优异的 SERS 支架。在先前的研究中，我们成功制备了性能卓越的针尖状 Si 纳米线，其大的比表面积和独特的光学、电子、机械特性为高性能 SERS 基底的构建提供了新的选择。

本章拟通过热 CVD 法制备垂直于硅晶表面的 ZnO 纳米棒阵列，随后以所制备的 ZnO 纳米棒为支架，在 PECVD 条件下采用 VLS 生长模式实现 Si 纳米针的嫁接生长。为了赋予支架良好的 SERS 增强特性，拟通过伽伐尼置换反应完成 Si 纳米针表面 AgNPs 的原位沉积。最后，系统地评估了所制备的狼牙棒阵列结构 3D 复合 SERS 基底的增强特性及实际应用。

7.2 AgNPs 修饰的 ZnO/Si 纳米狼牙棒阵列 SERS 基底的制备

7.2.1 制备 ZnO 纳米棒阵列

ZnO 和石墨粉各称取 1g，按质量比 1∶1 混合后置于管式炉中央，随后将溅射有催化剂 Au 的硅片置于气流下方 10~15cm 处。控制反应温度 950℃，氧气流量 6~8sccm，氩气流量 160sccm，沉积压力 80Pa，5~45min 后即可得到 ZnO 纳米棒阵列结构。

7.2.2 ZnO/Si 纳米狼牙棒阵列结构的构建

将溅射有催化剂 Au 的 ZnO 纳米棒阵列置入 PECVD 腔内，控制反应温度 400~600℃，氢气流量 20sccm，硅烷流量 20sccm，沉积压力 40Pa，射频功率

30W，15~60min 后即可在 ZnO 纳米棒阵列表面成功嫁接 Si 纳米针。

7.2.3　Si 针尖表面 AgNPs 的原位沉积

将所制备的 3D 异质结构 ZnO/Si 纳米狼牙棒阵列浸入 5% 的氢氟酸溶液中 2min 以获得氢终端的表面，随后将其转入一定浓度的硝酸银溶液中，1~2min 即可实现 AgNPs 的绿色、原位沉积。

7.3　主要实验过程

首先，采用热 CVD 法制备 ZnO 纳米棒阵列：ZnO 和石墨粉各称取 1g，按质量比 1∶1 混合后置于管式炉中央，随后将沉积有催化剂 Au 的硅片置于气流下方 10~15cm 处。控制沉积温度 950℃，氧气流量 6~8sccm，氩气流量 160sccm，沉积压力 80Pa，5~45min 后即可得到 ZnO 纳米棒阵列结构。

VLS 生长法是制备一维 ZnO 纳米材料的常用方法，其基本原理如下：将要制备的 ZnO 纳米材料的材料源加热形成蒸气，用液态金属团簇催化剂（Au）作为气相反应物，待蒸气扩散到液态金属团簇催化剂（Au）表面，形成过饱和团簇后，在催化剂表面生长饱和析出，从而形成 ZnO 纳米阵列结构。采用 VLS 机制备出的 ZnO 纳米线或者纳米棒直径均匀、结晶度高、取向一致性好。

其次，采用 PECVD 法嫁接生长 Si 纳米针：将溅射有催化剂 Au 的 ZnO 纳米棒阵列置入沉积腔内，控制反应温度 400~600℃，氢气流量 20sccm，硅烷流量 20sccm，沉积压力 40Pa，射频功率 30W，15~60min 后即可成功嫁接 Si 纳米针。PECVD 是借助微波或射频等使沉积腔中的气体电离，在局部形成等离子体。而等离子体化学活性很强，很容易发生反应，进而在 ZnO 阵列结构表面嫁接出所期望的分层支架。利用等离子体的活性来促进反应，降低了化学反应的温度，提高了沉积速率。

再次，通过伽伐尼置换实现 Si 纳米针表面 AgNPs 的原位沉积：将所制备的 3D 异质结构 ZnO/Si 纳米狼牙棒阵列浸入 5% 的氢氟酸溶液中 2min 以便获得氢终端的表面，随后将其转入一定浓度的硝酸银溶液中，1min 后即可实现 AgNPs 的绿色、原位沉积。

最后，评估所制备的纳米狼牙棒 SERS 基底的增强特性以及对染料分子 R6G 和三聚氰胺的实际分析检测。

7.4　实验结论与分析

7.4.1　狼牙棒 SERS 基底的设计原理

图 7-1 显示了 AgNPs 修饰的 3D 异质结构 ZnO/Si 纳米狼牙棒阵列结构的设计原理及制备流程。该过程主要分为以下五个步骤：

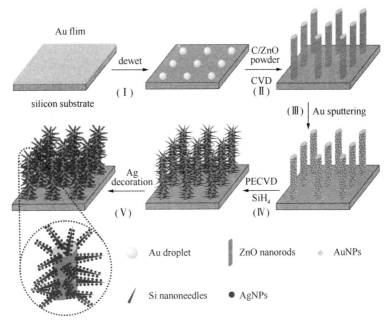

图 7-1　AgNPs 修饰的 3D 异质结构 ZnO/Si 纳米狼牙棒阵列结构的设计

（1）将裁剪好的硅片（$5 \times 5cm^2$）在小型离子溅射仪中溅射一层厚 10nm 的催化剂 Au 膜，溅射完成后快速转移至热 CVD 水平管式炉中。当管式炉升温至 873K 时，硅基底上所溅射的催化剂 Au 膜将发生退润湿过程并逐渐形成 Si-Au 合金液滴（见图 7-1，步骤Ⅰ）。

（2）当温度继续升高至 1223K 时，预先置于水平管中央的石墨粉和 ZnO 纳米粉在此温度下快速升华为锌蒸气。随着氧气的通入，所产生的锌蒸气再次被氧化成 ZnO 蒸气并吸附至 Si-Au 合金液滴表面。在此过程中，合金液滴作为催化点优先吸附气相中的 ZnO 蒸气，这是 ZnO 纳米棒阵列结构形成的关键。一旦合金液滴中 ZnO 蒸气吸附饱和，ZnO 纳米棒便开始逐渐析出并按 VLS 生长机制生长成垂直于硅基底的阵列结构（见图 7-1，步骤 Ⅱ）。通过热 CVD 沉积后，原本平整的硅基底转变成 ZnO 纳米棒阵列结构，并初步确定了 ZnO 纳米棒的间距和高度（间隔约 1μm，高度为 5~8μm）。

（3）将热 CVD 中所制备的 ZnO 纳米棒阵列转入小型离子溅射仪中再次溅射一层 Au 催化剂，溅射电流 15mA，溅射时间 30s（见图 7-1，步骤 Ⅲ）。将溅射有催化剂的 ZnO 纳米棒阵列置入 PECVD 反应腔内，随着温度逐渐地升高，ZnO 纳米棒表面逐渐形成 Au 的催化液滴。

（4）在硅烷与氢气的混合气体被导入反应腔后，开启射频电源，在等离子体和辅热的共同作用下硅烷气体发生热解并吸附于 ZnO 纳米棒表面的催化液滴中。当分解的硅组分在催化剂液滴中吸附饱和后，Si 纳米针在纳米棒表面固液界面处开始析出。在 PECVD 条件下，由于 Au 催化液滴持续蒸发和沿程损失导致其体积和尺寸不断变小，而这些逐渐变小的 Au 纳米液滴直接诱导了 Si 纳米针的产生（见图 7-1，步骤 Ⅳ）。之前的研究工作（本文第 3 章）已经系统地研究了 PECVD 条件下硅基表面 Si 纳米针的生长，其生长机理与本章的嫁接机理类似。

（5）通过伽伐尼置换将 AgNPs 原位沉积在所制备的 ZnO/Si 纳米狼牙棒阵列结构表面，实现 AgNPs 的高密度负载（见图 7-1，步骤 Ⅴ）。氢氟酸处理后的 Si 纳米针表面具有一定的还原性，在硝酸银溶液中能够发生原位氧化还原反应。经过上述五步，本研究工作成功构建了 AgNPs 修饰的 ZnO/Si 纳米狼牙棒阵列结构，该分层的 3D 阵列结构可直接作为 SERS 基底并用于不同环境下痕量待测物的分析检测。

7.4.2　ZnO/Si 纳米狼牙棒阵列的生长与调控

图 7-2 为所制备的 3D 异质结构 ZnO/Si 纳米狼牙棒阵列的典型 SEM 和 TEM 照片。与大部分先前的报道一致，所制备的 ZnO 纳米棒均匀分布，其表面光滑且垂直于衬底表面。经 PECVD 反应后，原本光滑的 ZnO 纳米棒成功转变为纳米狼

牙棒阵列结构。值得注意的是，伴随着纳米棒表面 Si 针尖的成功嫁接，ZnO 纳米棒支架的承载能力得以迅速提升。

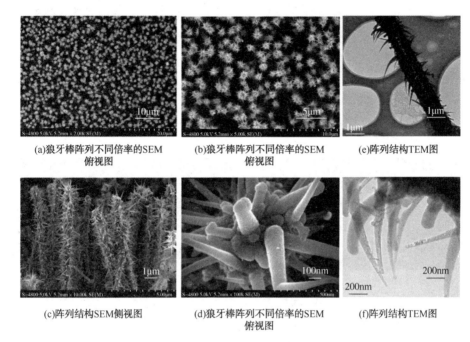

(a)狼牙棒阵列不同倍率的SEM
俯视图

(b)狼牙棒阵列不同倍率的SEM
俯视图

(e)阵列结构TEM图

(c)阵列结构SEM侧视图

(d)狼牙棒阵列不同倍率的SEM
俯视图

(f)阵列结构TEM图

图 7-2　3D 异质结构 ZnO/Si 纳米狼牙棒阵列的 SEM 与 TEM

图 7-2 中，(a)(b) 和 (d) 分别为不同倍率下典型的 ZnO/Si 纳米狼牙棒阵列结构的俯视图，图 7-2(c) 为狼牙棒阵列的侧视图。而图 7-2(e) 和 (f) 则是单分散的纳米狼牙棒 TEM 图，由图清晰可见所嫁接的 Si 分枝结构为针尖状，其典型分枝长度为 300~700nm，底部直径约 150nm。由于在嫁接生长过程中催化剂液滴的尺寸不断地缩小，因此所催化生长的 Si 分枝结构从下至上逐步细化而演变成 Si 纳米针，这与之前针尖状 Si 纳米线的制备研究是相符合的。

此外，通过一系列有效手段可实现 ZnO 纳米棒表面 Si 纳米针的尺寸调节。而延长 Si 纳米针分枝结构的长度能有效提高狼牙棒阵列结构的比表面积和负载能力，这对于改善 3D 异质结构 ZnO/Si 纳米狼牙棒阵列基底的 SERS 特性具有重大意义。在 PECVD 过程中，可通过控制诸多不同的反应参数来调控 Si 纳米针分枝结构的尺寸，如气相沉积的反应温度、前驱体气流量、分压以及沉积时间等等。

图 7-3 为不同沉积时间下(15~45min)所制备的 ZnO/Si 纳米狼牙棒阵列的

SEM 照片。如图 7-3(a) 所示，在初始阶段，仅少量短小的 Si 纳米针析出在 ZnO 纳米棒表面。当沉积时间延长至 30min 时，Si 纳米针分枝结构开始延伸变长，结果如图 7-3(b) 所示。在沉积反应 45min 后[图 7-3(c)]，ZnO 纳米棒阵列表面则成功嫁接了大量更长且密度更高的 Si 纳米针分枝结构。图 7-3(d)(e) 和 (f) 分别为不同沉积时间下所嫁接生长的 Si 纳米针尺寸统计直方图，由图可见 Si 分枝的长度可从 (610±120)nm 调控至 (1150±240)nm。该实验结果表明，狼牙棒表面 Si 分枝结构的尺寸可通过沉积时间的改变而有效调控，这为 3D 异质 ZnO/Si 纳米狼牙棒阵列的构建与优化提供了新途径。

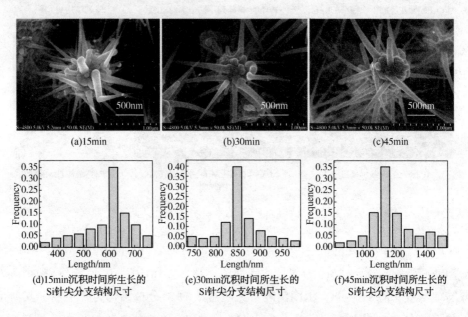

(a)15min   (b)30min   (c)45min

(d)15min 沉积时间所生长的   (e)30min 沉积时间所生长的   (f)45min 沉积时间所生长的
Si 针尖分支结构尺寸   Si 针尖分支结构尺寸   Si 针尖分支结构尺寸

图 7-3   不同沉积时间下所制备的 ZnO/Si 纳米狼牙棒阵列
的 SEM 照片和 Si 针尖分支结构尺寸统计

7.4.3　AgNPs 的修饰与表征

研究表明，SERS 基底的增强特性通常与基底表面的"热点"密度密切相关。如能增加 Si 分枝结构表面 AgNPs 的密度并调控其颗粒之间的间隙，这对于支架表面"热点"密度的提高至关重要。根据本文第 3 章的研究总结，在伽伐尼置换反应中 AgNPs 的尺寸可通过硝酸银溶液的浓度、置换反应时间以及反应温度等参数快速优化。

图 7-4(a~f)为采用不同浓度的硝酸银溶液来实现 Si 纳米针表面 AgNPs 的尺寸优化。图 7-4(g)(h)和(i)为 AgNPs 修饰的 ZnO/Si 纳米狼牙棒阵列的典型 TEM 照片。统计结果显示，在伽伐尼置换反应中硝酸银浓度从 $5×10^{-5}$M 增加为 $5×10^{-4}$M 时，所原位沉积的 AgNPs 平均尺寸分别为($17.0±5.3$) nm 和($30.1±9.2$) nm。很显然，提高银离子的浓度将会导致 Si 纳米针表面所沉积的 AgNPs 逐渐粗化，且 AgNPs 之间的间距也会逐渐缩小。通常情况下，优化后的 AgNPs 的平均尺寸须在 40nm 以下，其颗粒间的隙应小于 10nm，所制备的复合 SERS 基底将会产生最优的 SERS 增强效应。

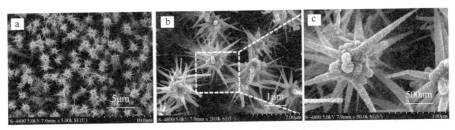

$5×10^{-5}$M硝酸银浓度下所沉积的AgNPs不同倍率SEM图

$5×10^{-4}$M硝酸银浓度下所沉积的AgNPs不同倍率SEM图

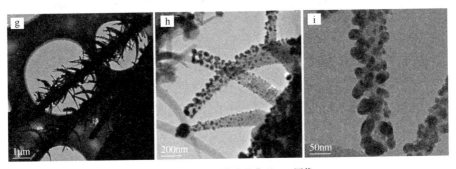

修饰AgNPs后不同倍率的典型TEM图像

图 7-4　ZnO/Si 纳米狼牙棒表面 AgNPs 的修饰

为了进一步验证 Si 针尖成功嫁接于 ZnO 纳米棒表面以及 AgNPs 原位沉积于所嫁接的 Si 针尖表面，我们分别采用 XPS、XRD、EDS 和 UV-Vis 吸收光谱对所制备的试样进行了详细的分析表征。

图 7-5(a) 为 AgNPs 修饰的 ZnO/Si 纳米狼牙棒阵列结构的 XPS 全谱图，图中清晰可见 Zn、O、Si、C 和 Ag 五种元素。图 7-5(b)(c)(d) 和 (e) 分别为 Zn、O、Si 和 Ag 的高分辨 XPS 谱图，所有的谱图均采用 C 元素(284.8eV)进行校正。图 7-5(b) 为锌元素 Zn2p 的 XPS 谱图，其位于 1022.1eV 和 1045.7eV 处的特征峰值分别为 Zn2p3/2 和 Zn2p1/2，该结果表明所制备的样品中锌元素以氧化态(Zn^{2+})的形式存在。图 7-5(c) 为基底表面 O1s 的 XPS 光谱，532.3eV 处的特征峰证实了氧化锌晶格中氧的存在。图 7-5(d) 展示了 Si2p 的高分辨率 XPS 谱图，98.8eV 处的特征峰暗示 Si 纳米针大规模的形成。除此之外，在 102.7eV 处(100～104eV)也观察到一个弱的特征峰，该峰的出现表明了氢终端的 Si 纳米针在伽伐尼置换反应中开始被氧化。由于氢终端的 Si 纳米针其表面具有微弱的还原性，因而被溶液中的银离子氧化成二氧化硅层，溶液中银离子则被同时还原成为 AgNPs，这与图 7-5(e) 中 Ag 的 XPS 谱图是相符合的。

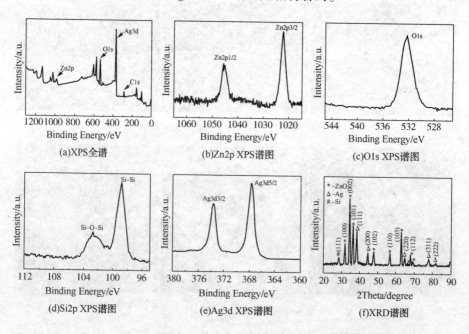

图 7-5　AgNPs 修饰的 3D 异质结构 ZnO/Si 纳米狼牙棒阵列结构的表征

在 Ag 的 XPS 谱图中，其特征峰位主要位于 367.72eV 和 373.72eV，并分别归属于 Ag3d5/2 和 Ag3d3/2。然而该组峰值与块体 Ag 的 XPS 标准数据 Ag3d5/2（368.3eV）和 Ag3d3/2（374.3eV）略有偏差。很显然，与块体 Ag 相比较 AgNPs 修饰的纳米狼牙棒阵列中 Ag3d 的结合能在逐步向更低的位置移动。这些结合能的变化暗示着金属态的 AgNPs 和半导体 Si 纳米针之间存在某种较强的相互作用（可能归因于 Ag-Si 界面的电子转移，即电子从金属态的 AgNPs 逐步转移至 Si 纳米针）。

基于所制备的纳米狼牙棒阵列 SERS 基底对 R6G 分子的分析检测，我们发现 AgNPs 与 Si 纳米针之间的界面结合并没有影响 AgNPs 的金属属性及其等离子特性，相反，界面间的相互作用使得 AgNPs 更加稳固，更易原位固定于 Si 纳米针表面。

此外，XRD 也被用来分析所制备试样的结构与组成。如图 7-5(f) 所示，三组 XRD 衍射峰清晰可见（分别标记为"＊""#"和"Δ"），该实验结果从侧面证实了 ZnO 纳米棒阵列、Si 纳米针以及 AgNPs 的存在。其中标记为"＊"的衍射峰被证实为六方纤锌矿结构的 ZnO（JCPDS 36-1451），标记为"#"的衍射峰归属于 Si（111），而剩余标有"Δ"的衍射峰则对应于 AgNPs 的面心立方（fcc）结构（JCPDS 04-0783）。在 2θ 值为 34.4°处的狭窄衍射峰对应于 ZnO 纳米棒阵列结构的（002）晶面，其相对衍射强度最强且在衍射图谱中占主导地位，它不仅表明了 ZnO 纳米棒阵列按 c-轴取向择优生长，也从侧面印证了 ZnO 纳米棒阵列垂直生长于 Si 衬底表面，这与先前 SEM 图像的分析结果相吻合。

图 7-6 为所制备试样表面的 EDS 元素分析，其中图（b）（c）（d）和（e）分别为 AgNPs 修饰的 ZnO/Si 纳米狼牙棒结构选区（a）中 Zn、O、Si 和 Ag 的元素面分布。正如阵列结构的构建模型，Zn 元素和 O 元素的面分布均位于 STEM 图像中央，印证了 ZnO 纳米棒主干的构建。图 7-6(d) 为 Si 元素的面分布，它进一步证实了 Si 纳米针在 ZnO 纳米棒主干上的嫁接生长。同时 ZnO 纳米棒主干也被 Si 均匀覆盖而形成 ZnO-Si 的核壳结构。随后，当 AgNPs 的原位沉积反应发生时，大量的 AgNPs 将均匀地分布于 ZnO 主干和 Si 纳米针分枝结构表面，这与图 7-6(e) 中 Ag 元素的面分布结果吻合。图 7-6(f) 清晰地展示了 Si 纳米针表面所沉积的 AgNPs，该结果充分地证实了伽伐尼置换成功实现了溶液中银离子的还原。

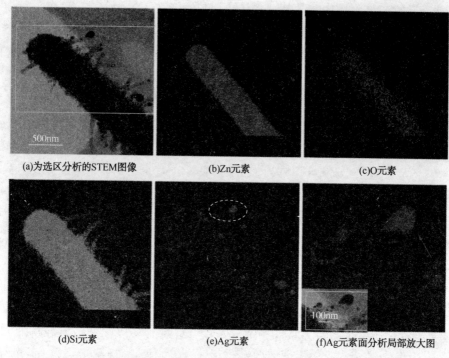

(a)为选区分析的STEM图像   (b)Zn元素   (c)O元素

(d)Si元素   (e)Ag元素   (f)Ag元素面分析局部放大图

图7-6   AgNPs 修饰的 3D 异质结构 ZnO/Si 纳米狼牙棒阵列的 EDS 分析

在图 7-7 中，曲线（i）和（ii）分别为硅基 Ag 薄膜和 AgNPs 修饰的 ZnO 纳米棒阵列的 UV-Vis 吸收光谱。曲线（ii）中主要观察到 AgNPs 表面等离子体共振吸收（约 300nm 处）和 ZnO 半导体阵列的弱吸收峰（362nm 处）。然而，AgNPs 修饰的 ZnO/Si 纳米狼牙棒阵列的 UV-Vis 吸收光谱（曲线 iii）则展示了一个较宽的吸收带（450~700nm）。在 SERS 检测中 633nm 的激发光源波长也正好位于该峰的吸收范围。为了避免共振拉曼散射影响 SERS 基底增强特性的评估，后续的 SERS 测试主要选择 633nm 的激光。

7.4.4   复合 SERS 基底增强特性分析

凭借诸多优点，SERS 作为一个极具应用前景的光谱检测法在环境监控、食品药品监管、医疗诊断等领域发挥着独特的优势。然而，在 SERS 分析测试中，不同形貌、结构、组分的增强基底将产生不同密度的增强"热点"。当数量可观的探针分子吸附于高密度"热点"区域时，所采集的拉曼信号将得到极大的增强。

为了探讨 AgNPs 修饰的 ZnO/Si 纳米狼牙棒阵列 SERS 基底的增强特性及分

析检测能力，本章选择具有代表性的拉曼活性分子 R6G 作为探针并测试了一系
列不同浓度的 R6G 溶液，结果如图 7-8(a)所示。

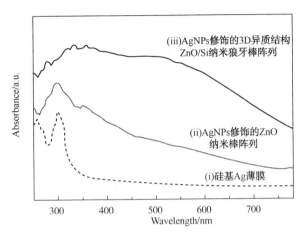

图 7-7　UV-Vis 吸收光谱分析

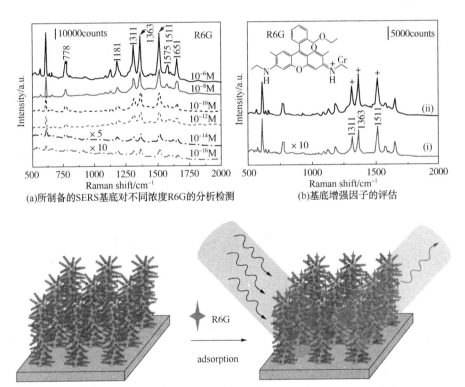

图 7-8　拉曼测试及检测示意

图 7-8(a)为不同浓度下(10⁻¹⁶-10⁻⁶M)所采集的六条拉曼光谱图，图中所有 R6G 的拉曼特征峰清晰可见，如 1181cm⁻¹(碳-氢面内弯曲振动)、1311cm⁻¹(碳-氧-碳伸缩振动)、1363cm⁻¹，1511cm⁻¹ 和 1651cm⁻¹(芳环结构碳-碳伸缩振动)和 778cm⁻¹(氧杂蒽骨架氢原子面外弯曲振动)。其中，位于 1311cm⁻¹、1363cm⁻¹ 和 1511cm⁻¹ 处的三个主要特征散射峰均产生了明显的增强效应。当 R6G 的浓度低至 10⁻¹⁶M 时，图中依然可观察到明显的 R6G 信号，该结果表明所制备的狼牙棒阵列结构 SERS 基底对 R6G 具有超高的检测灵敏度。获得如此低的检测极限主要归因于以下两点：第一，所制备的 3D 复合 SERS 基底具有高密度的 Si 纳米针分枝结构以及大量负载于 Si 纳米针分枝结构表面的 AgNPs；第二，所制备的 3D 复合 SERS 基底较高的比表面积也有利于 SERS 分析测试中 R6G 分子的富集与吸附。

根据先前的研究报道：

$$EF = \frac{I_{surface} \cdot N_{solution}}{I_{solution} \cdot N_{surface}} \tag{7-1}$$

式中　$N_{solution}$——R6G 对比溶液中有效分子的数目；

$\quad\quad N_{surface}$——增强基底表面有效分子的数目；

$\quad\quad I_{solution}$——R6G 对比溶液所采集的拉曼信号强度；

$\quad\quad I_{surface}$——SERS 基底表面所采集的拉曼信号强度。

如图 7-8(b)所示，拉曼光谱位于 1363cm⁻¹ 处的特征散射被用来估算 SERS 基底的 EF 值，增强基底表面的 SERS 信号强度 $I_{surface}$ 约为 14980，作为对比的 R6G 溶液其拉曼信号强度 $I_{solution}$ 约为 1079。

分子的数量可以根据

$$N_{surface} = \frac{N_A \cdot c \cdot V_{solution}}{S_{disp}} \cdot S_{la} \tag{7-2}$$

式中　N_A——阿伏伽德罗常数；

$\quad\quad c$——溶液的摩尔浓度；

$\quad\quad V_{solution}$——滴加液滴的体积；

$\quad\quad S_{disp}$——液滴在基底上的分散面积；

$\quad\quad S_{la}$——激光光斑的大小。

实验中，10μL 浓度为 10⁻¹⁰M 的 R6G 溶液被滴加到面积为 10×10mm² 的 SERS

增强基底表面，液滴展开后产生了约 12.6mm² 的圆形分散区域。假设探针分子在基底表面均匀分布，那么每 1μm² 的区域大约分布有 48 个 R6G 分子。作为一个粗略的估计，$N_{surface}$ 大约为 38（有效面积约 0.8μm²）。相比之下，采用激光功率 1.7mW 的入射激光来测定 10^{-3}M 的 R6G 水溶液的拉曼光谱，入射激光在溶液中的有效激发体积约 400μm³，$N_{solution}$ 约为 2.4×10^8。将获得的 $I_{solution}$、$I_{surface}$、$N_{surface}$ 和 $N_{solution}$ 代入公式（7-1），经计算得 $EF = 8.7 \times 10^7$。

同样，剩余的两个主要拉曼特征峰（1311cm⁻¹ 和 1511cm⁻¹）也可用来分析计算 EF 值，所计算的结果分别为 8.0×10^7 和 7.0×10^7。应该指出的是，在 EF 估算过程中我们选取不同的拉曼特征散射峰会得到不同的 EF 值，但这些 EF 均处在相同的数量级，仅数值大小略有偏差。

根据相关的理论计算和大多数文献的报道结果，EF 的范围通常为 $10^6 \sim 10^{10}$。课题组初期所制备的硅基银膜，其 EF 值约 1.05×10^4。本章所研究制备的复合 SERS 基底的增强性能约为硅基银膜的 8300 倍。参考所制备的 AgNPs 修饰的 ZnO/Si 纳米狼牙棒阵列 SERS 基底，我们分析了该基底增强效应显著提高的可能原因：首先，AgNPs 与 Si 纳米针的结合可能导致所激发的等离子体相互作用并产生增强的表面局域电场；其次，沉积在 Si 纳米针表面高密度聚集的 AgNPs 也会产生高密度的"热点"从而显著地增强电磁场强度。再次，在 ZnO 纳米棒阵列表面所嫁接的 Si 纳米针也被视为纳米"天线"（由于催化剂液滴的消耗而导致其尺寸不断缩小，最终诱导了 Si 纳米针的产生，通常 Si 纳米针的顶端残留具有 SERS 活性的 Au 纳米颗粒，这与 TEM 的观察结果一致）。最后，大量分层的 3DSi 纳米针分枝结构能有效提高 ZnO 纳米棒阵列的比表面积和承载能力，进而促进了探针分子的吸附。

此外，通过拉曼光谱特征峰信号的强度与所测试 R6G 浓度之间关联，我们能定量地分析未知溶液中 R6G 的含量。图 7-9（a）为不同浓度下所采集的 R6G 拉曼光谱特征峰信号强度的统计，所统计的特征峰依次为 1181cm⁻¹、1311cm⁻¹、1363cm⁻¹、1511cm⁻¹ 和 1651cm⁻¹。从图中可清晰看出特征峰信号强度随 R6G 浓度的增加而单调递增。图 7-9（b）为最强的特征峰 1511cm⁻¹ 处峰值强度与浓度之间的对应关系。当浓度低于 10^{-8}M 时，我们发现 R6G 的浓度对数（$\log c$）与特征峰强（I_{1511}）存在一定的线性关系，该线性方程为 R6G 的定量分析提供了一种新手段。

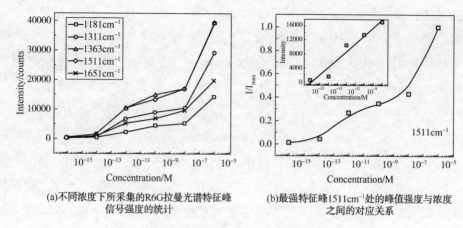

(a)不同浓度下所采集的R6G拉曼光谱特征峰
　　信号强度的统计

(b)最强特征峰1511cm⁻¹处的峰值强度与浓度
　　之间的对应关系

图7-9　拉曼散射强度与浓度的关联

如插图所示，线性方程为：

$$I_{1511} = (2250\pm310) \cdot \log c + (35590\pm3810) \qquad (7-3)$$

式中　I_{1511}——所采集的 R6G SERS 光谱特征峰 $1511cm^{-1}$ 处峰值强度；

　　　　c——R6G 待测溶液浓度，$10^{-16} < c < 10^{-8} M$；

　　　　线性相关系数 $R^2 = 0.946$。

7.4.5　复合 SERS 基底对三聚氰胺的高灵敏检测

三聚氰胺是一类重要的氮杂环有机化工原料，它主要用于生产三聚氰胺甲醛树脂，且广泛地用于木材、塑料、造纸、纺织、皮革和涂料等行业。然而，三聚氰胺本身不是食品或药品添加剂。当人们过量误食含三聚氰胺的牛奶或乳制品后，会造成生殖与泌尿系统的损害，并可能进一步诱发肾结石、膀胱癌等。近年，我国相关监管部门已规定了三聚氰胺在牛奶和乳制品中的临时管理值。其中，婴幼儿配方乳粉中三聚氰胺的限量值为 $1mg \cdot kg^{-1}$，液态奶、奶粉、其他配方乳粉中三聚氰胺的限量值为 $2.5mg \cdot kg^{-1}$。

目前，检测三聚氰胺的传统方法很多，操作也较为方便。但涉及食品中痕量三聚氰胺检测时，常因食品中三聚氰胺含量低、干扰因素多等特点而受到限制。为了考察所制备的 AgNPs 修饰的 ZnO/Si 纳米狼牙棒阵列 SERS 基底是否能实现三聚氰胺的高灵敏检测，本研究工作依次配置了不同浓度的三聚氰胺溶液（$10^{-10} \sim 10^{-4} M$），然后分别滴加到所制备的 SERS 基底表面进行 SERS 分析测试，结果如图 7-10(a) 所示。

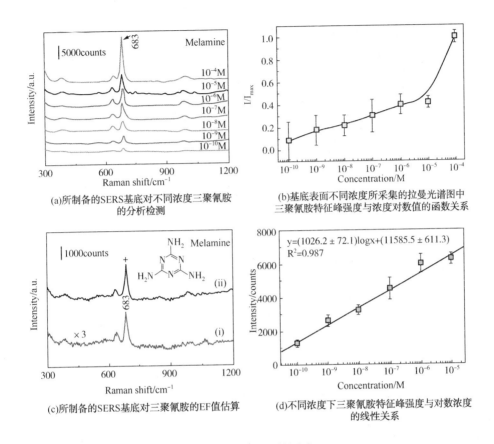

(a)所制备的SERS基底对不同浓度三聚氰胺
的分析检测

(b)基底表面不同浓度所采集的拉曼光谱图中
三聚氰胺特征峰强度与浓度对数值的函数关系

(c)所制备的SERS基底对三聚氰胺的EF值估算

(d)不同浓度下三聚氰胺特征峰强度与对数浓度
的线性关系

图 7-10　基底性能测试

　　图 7-10(a)展示了典型的三聚氰胺拉曼光谱,位于 $683cm^{-1}$ 处的拉曼光谱特征峰归属于三嗪环的呼吸振动。同时,随着基底表面三聚氰胺溶液不断地稀释,所采集的拉曼光谱特征峰强度亦逐渐减低。当三聚氰胺被稀释至 $10^{-10}M$ 时,图中依然清晰可见三聚氰胺的特征散射峰。我们粗略地估算其检测极限为 $10^{-10}M$,该实验结果清楚地表明所制备的狼牙棒复合 SERS 基底对三聚氰胺具有较高的检测灵敏度,且远低于国家设置的临时管理值。

　　此外,为了实现三聚氰胺的定量检测,本章进一步分析了三聚氰胺的浓度与 SERS 特征峰强度之间的关系[见图 7-10(b)]。当三聚氰胺浓度低于 $10^{-5}M$ 时,由图可见其浓度的对数值与特征峰强度在 $10^{-10} \sim 10^{-5}M$ 范围内呈良好的线性关系[见图 7-10(d)]。

　　其线性回归方程为:

$$I_{683} = (1030\pm70) \cdot \log c + (11590\pm610) \tag{7-4}$$

式中 I_{683}——三聚氰胺 SERS 光谱特征峰 683cm⁻¹ 处峰值强度;

　　　c——三聚氰胺待测溶液浓度,10^{-10}M$<c<10^{-5}$M,线性相关系数 $R^2=0.987$。

基于所制备的狼牙棒复合 SERS 基底以及上述线性回归方程,能实现未知溶液中痕量三聚氰胺的高效、灵敏、快速地检测,同时也为其他有机小分子的分析测试提供了新思路和新平台。

图 7-10(c)为所制备的复合 SERS 基底对三聚氰胺的 EF 评估结果。根据光谱图曲线(i)和(ii),可分别统计出 $I_{surface}$ 为 2656,$I_{solution}$ 为 854。同样,我们也能分别计算出 SERS 基底表面和溶液中三聚氰胺的有效分子数目 $N_{surface}$ 和 $N_{solution}$,最后计算所得 EF 值约为 2.04×10^6。

7.4.6　牛奶中三聚氰胺的实际分析检测

除了高的检测灵敏度和 EF 值之外,SERS 基底的均一性和检测信号的重现性也是一个非常重要的参数。为了测试所制备的 AgNPs 修饰的 ZnO/Si 纳米狼牙棒阵列 SERS 基底的检测重现性,浓度为 10^{-8}M 的三聚氰胺溶液被滴加到 SERS 基底表面,待溶液自然干燥后在相同的测试条件下随机采集六个不同位点的拉曼光谱。如图 7-11(a)所示,所采集的拉曼光谱展现出了良好的相似性,通过统计其位于 683cm⁻¹ 处的特征拉曼散射强度,可粗略估算出 SERS 基底对三聚氰胺的检测 RSD 为 17%,该结果表明所制备的 SERS 基底具有较好的均一性和检测重现性。

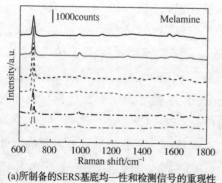
(a)所制备的SERS基底均一性和检测信号的重现性

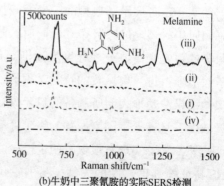
(b)牛奶中三聚氰胺的实际SERS检测

图 7-11　基底实际应用分析

i—三聚氰胺粉末;ii—三聚氰胺水溶液;iii—三聚氰胺污染的牛奶;iv—纯牛奶

在三聚氰胺的实际分析检测中，复杂样本往往会存在一些有机成分，而这些有机成分的存在常常会影响三聚氰胺样本的拉曼检测。为了验证所制备狼牙棒复合 SERS 基底的实用性，本研究初步测试了牛奶中非法添加的三聚氰胺。图 7-11 (b) 中曲线(ⅰ)和曲线(ⅱ)分别为三聚氰胺固体粉末和三聚氰胺溶液的拉曼光谱图，光谱图中位于 675cm^{-1} 处的拉曼特征峰归属于三嗪环氨基氮原子的面内变形振动。曲线(ⅲ)为 AgNPs 修饰的 ZnO/Si 纳米狼牙棒阵列基底对待测试样(三聚氰胺所污染的牛奶)的 SERS 检测。显然，与三聚氰胺溶液(曲线 ⅱ)和纯牛奶(曲线 ⅳ)的光谱图相比较，该谱图中观察到了复杂的杂质峰和较大的背景，我们推断这些干扰可能来源于牛奶中营养成分(如蛋白质、糖类和脂类等)的杂质增强信号。值得注意的是，我们仍然获得了三聚氰胺的特征拉曼散射，这些杂质的干扰并不妨碍牛奶中三聚氰胺的超灵敏检测。实验结果清晰地表明，AgNPs 修饰的 ZnO/Si 纳米狼牙棒阵列 SERS 基底不仅能用于水体中三聚氰胺的超灵敏分析，而且无需任何分离过程，亦能实现牛奶中三聚氰胺的快速准确分析，具有一定的实际应用价值。

7.4.7 径向生长机制与 Si 纳米针的嫁接

图 7-12(a)为采用所制备的针尖状 Si 纳米线为模板支架，再次利用 PECVD 制备 Si-Si 核壳结构和 Si-Ge 核壳结构的原理示意图。本文第 3 章详细阐述了针尖状 Si 纳米线的制备过程、优化工艺以及生长机理，在进一步的研究中，我们拟以所制备的 Si 纳米针为主干，通过在其表面溅射沉积 Au 催化剂，设想实现 Si 纳米针主干表面高密度 Si 分支结构的嫁接生长。

然而，实验中我们发现针尖表面大量的 Au 催化剂处于一种液态岛膜或不连续的薄膜状态，这与水平硅基底表面催化剂薄膜高温退火所形成的活性催化剂液滴的形态大不相同。我们推测该现象可能是由于处于重力作用下，位于丛林结构 Si 纳米针表面的催化剂 Au 液滴克服表面摩擦力而发生了相互融合的过程。同时，在该过程中也常常涉及到 Ostwald 熟化。一旦形成岛膜的催化形态，原本设计的"吸附溶解-析出生长-诱导针尖"等过程将无法实现。取而代之的是在径向方向以 VS 生长机制为主生成连续的 Si 膜或 Ge 膜，最终发展成 Si-Si 或 Si-Ge 核壳结构。

图 7-12(b)为 ZnO 纳米棒表面针尖状 Si 纳米线的嫁接过程，首先我们在 ZnO 纳米棒阵列表面溅射催化剂 Au 种子，实验过程中我们观察到了 Au 种子的

Ostwald 熟化过程，但是并没有形成岛膜或者不连续的薄膜状态（这可能与 Au 液滴在不同材料表面的界面张力、溶解度有关）。由于催化剂仍处于液滴状态，在导入反应前驱体后，ZnO 阵列表面 Si 分支结构将按先前我们推断的生长机制完成生长。

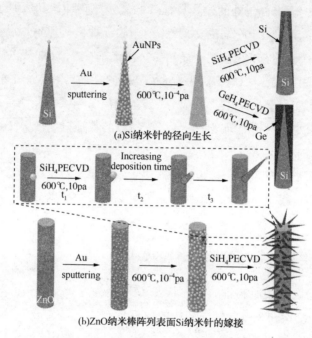

(a)Si 纳米针的径向生长

(b)ZnO 纳米棒阵列表面 Si 纳米针的嫁接

图 7-12　径向生长机制与 Si 纳米针的嫁接

7.5 小　结

（1）本章设计并构建了 AgNPs 修饰的 3D 异质结构 ZnO/Si 纳米狼牙棒阵列 SERS 基底，并详细表征了该 SERS 基底的微观结构和增强特性。

（2）研究结果表明，以热 CVD 法生长的 ZnO 纳米棒阵列结构作为主干，通过控制主干表面金种子的形态，在 PECVD 条件下即可成功获得异质结构的 ZnO/Si 纳米狼牙棒阵列。通过控制 PECVD 沉积时间、温度、前驱体分压等可有效调控并优化主干表面 Si 纳米针分支结构的尺寸。通过伽伐尼置换反应的时间和前驱体溶液的浓度能快速优化 Si 纳米针表面所原位沉积的 AgNPs。

（3）优化结果显示，在成功负载高密度的 AgNPs 之后，所制备的狼牙棒阵列 SERS 基底增强特性显著提高，其增强因子高达 8.7×10^7，且对水体中 R6G 和三聚氰胺的检出限分别达到 0.1fM 和 0.1nM。进一步的拉曼测试结果显示，所制备的 SERS 基底对三聚氰胺的检出限为 0.1nM，且成功实现了牛奶中微量三聚氰胺的高灵敏检测。实验结果表明所制备的 3D 狼牙棒阵列 SERS 基底在食品检验、环境保护等领域具有极大的应用价值。

8

多功能SERS基底的绿色合成及可再生性研究

8.1 引　言

贵金属/半导体纳米复合材料，因其突出的光学、电学、磁学和催化特性而被广泛应用于光电传感、能源储备、环境治理以及医疗诊断等领域。最近研究发现，贵金属和半导体之间能产生强相互耦合作用，从而导致复合后的纳米材料展现出超越于传统单一组分的新奇特性[190,191]。例如，贵金属/半导体复合 SERS 基底同时具备拉曼增强效应和自清洁效应，可开发成一类检测灵敏度高，且能循环利用的多功能分析测试平台。

研究表明将 Au、Ag、Cu、Ni 等金属与氧化物半导体 TiO_2 或 ZnO 复合后，能显著增加复合材料的吸附位点，增强金属与半导体之间的电荷分离效应，并最终导致复合基底 SERS 性能大幅提升。然而，在贵金属/半导体纳米复合材料的制备过程中通常会引入一些碳组分，如表面活性剂、结构导向剂、还原剂、稳定剂以及其他必需的有机试剂等等。这些有机物种的添加将直接导致复合材料表面或界面形成一层额外的有机污染层。值得关注的是，该有机层的出现不仅严重地干扰了正常的 SERS 检测，导致其增强性能快速衰退，同样也极大地影响了分析测试结果的准确性与重现性。

为了获得更好的 SERS 检测品质，研究人员尝试采用多种办法来清除金属/半导体之间的有机污染层。但迄今为止，尚未探寻到一类公认的高效、绿色、环保且经济的手段。例如，采用热解或氧化分解法可能会破坏复合材料的微观结构而导致其 SERS 性能衰减。而化学去除或置换反应则会引入新的试剂，这些新添加的物种自身也是不可忽略的干扰。采用真空环境下的等离子体轰击法或溅射处理则需要昂贵的真空设备，且清洗的表面易再次污染。

如果贵金属纳米颗粒能直接原位沉积于半导体表面，且无须任何外加试剂（如还原剂、表面活性剂、稳定剂等等），研究人员将获得界面清洁的复合材料。由于所制备的复合材料界面清洁、无污染，基于该基底材料的 SERS 增强效应将显著提高，背景干扰亦会大幅改善。因此，探寻一种快速、简捷且绿色可控的新方法来构建界面清洁的金属/半导体复合 SERS 基底具有非常重大的现实意义。

氧空位(Oxygen Vacancies，OVs)是金属氧化物中的一类本征缺陷。研究结果表明，氧空位的存在对金属氧化物的电子结构和理化性质影响极大。例如，对于大多数过渡金属氧化物而言，低价态或非化学计量比的氧化物通常具有或强或弱的还原性。利用该类氧化物自身的化学特性可实现溶液中贵金属离子的绿色原位还原。受该研究工作的启发，本章拟预先构建不同形态、不同尺寸的低价态氧化物，随后利用其微弱的还原性与溶液中贵金属离子(Ag 离子)发生原位氧化还原，进而实现氧化物表面贵金属纳米颗粒的绿色原位沉积。

$WO_{2.72}$ 因含有最丰富的氧空位(氧缺陷)，且电导率高、光催化活性强、光电特性优异而被广泛地研究并应用。新制备的非化学计量比的 $WO_{2.72}$ 其表面也具有一定的还原性，它足以还原溶液中的贵金属离子并在 $WO_{2.72}$ 表面生成均匀致密的贵金属纳米颗粒。在此过程中，$WO_{2.72}$ 既作为供电子载体(用于溶液中贵金属离子的还原)，同时也作为模板支架用于贵金属纳米颗粒的承载。当贵金属离子被还原时，$WO_{2.72}$ 则被氧化成 $WO_{3-x}(0<x<0.28)$，从而实现贵金属/$WO_{3-x}(0<x<0.28)$ 纳米复合材料的构建。

有研究表明，复合 SERS 基底的增强特性与贵金属纳米颗粒的形貌、平均尺寸及聚集程度密切相关。而贵金属纳米颗粒的尺寸和密度则严格依赖于溶液中金属离子的摩尔浓度及反应时间。此外，最近的研究表明 $WO_{2.72}$ 和 Ag/WO_3 能作为一类高效的光催化剂来实现基底表面的自清洁。考虑到基底的循环利用特性，$Ag/WO_{3-x}(0<x<0.28)$ 纳米复合材料的 SERS 增强效应与光催化降解特性相结合，将会成为一类可实际应用的多功能复合 SERS 基底。目前，基于 $WO_{2.72}$ 的可循环 SERS 复合基底尚未见报道。

先前的研究报道了 3D 仿生 ZnO/Si 狼牙棒微纳结构的构建，在进一步负载具有 SERS 活性的 AgNPs 后，所生成的 ZnO/Si/AgNPs 复合 SERS 基底仅产生了显著的 SERS 增强效应，并无光催化活性，进而无法实现复合 SERS 基底的循环利用。基于以上考虑，本章主要拟探索：

（1）一种绿色、简便、高效且无添加剂的合成方法，并以此法构建了三类不同形貌的 $Ag/WO_{3-x}(0<x<0.28)$ 可循环 SERS 基底；

（2）通过优化贵金属离子的浓度和沉积时间，有效调控了 $WO_{2.72}$ 支架表面贵金属纳米颗粒的负载，进而实现了复合 SERS 基底[3D 蒲公英状 $Ag/WO_{3-x}(0<x<0.28)$]增强特性的最优化；

(3) 3D 蒲公英状 Ag/WO$_{3-x}$(0<x<0.28)因其大量的分支结构而具有较大的比表面积和高密度"热点"。由于制备过程中没有使用任何添加剂，有效避免了污染组分的引入，确保了复合 SERS 基底界面清洁、天然无污染，并快速实现了 MG 和福美双的超灵敏检测；

(4) 负载贵金属纳米颗粒的 WO$_{2.72}$成功地光催化降解了 SERS 基底表面吸附的有机小分子(如 MG、福美双等)，实现了 Ag/WO$_{3-x}$(0<x<0.28)复合 SERS 基底的可循环利用。

8.2 蒲公英状 Ag/WO$_{3-x}$(0<x<0.28)可循环 SERS 基底绿色合成

8.2.1 水热反应法制备蒲公英状 WO$_{2.72}$刺球结构

将一定质量的 WCl$_6$(0.1~3g)溶入 80mL 无水乙醇并快速转移至水热反应釜，180℃水热反应 24h，洗涤、干燥后即可获得非化学计量比的 WO$_{2.72}$刺球。通过控制前驱体 WCl$_6$的摩尔浓度，可实现 WO$_{2.72}$三类不同结构与形貌的调控。

8.2.2 原位氧化还原沉积 AgNPs

将 0.4g WO$_{2.72}$样品加入 80mL 去离子水中搅拌均匀，2mL 一定浓度的硝酸银溶液(0.01~0.1M)分两次加入搅拌后的 WO$_{2.72}$悬浮液(前 4h 添加 0.5mL，后 8h 添加 1.5mL)，连续搅拌 12h 后洗涤并干燥，即可获得蒲公英状 Ag/WO$_{3-x}$(0<x<0.28)微纳米结构。

8.3 多功能 SERS 基底的绿色合成过程

首先，采用水热反应法制备蒲公英状 WO$_{2.72}$刺球：将一定质量的 WCl$_6$(0.1~3.0g)溶入 80mL 无水乙醇并转移至水热反应釜，180℃水热反应 24h，洗涤、干燥后即可获得蒲公英状 WO$_{2.72}$刺球。通过控制前驱体钨的质量，可实现不同结构

WO$_{2.72}$的调控。

其次，利用原位氧化还原反应沉积 AgNPs：将质量为 0.4g 的 WO$_{2.72}$ 样本加入 80mL 去离子水，2mL 不同浓度的硝酸银溶液(0.01~0.1M)分两次加入 WO$_{2.72}$ 悬浮液（前 4h 添加 0.5mL，后 8h 添加 1.5mL），连续搅拌 12h 后收集产品，洗涤干燥备用。

再次，应用所制备 3D 蒲公英状 Ag/WO$_{3-x}$(0<x<0.28)复合 SERS 基底实现水体中 MG 和福美双的超灵敏检测与循环利用：将不同浓度的 MG 溶液或福美双溶液滴加于组装好的 3D 蒲公英状 Ag/WO$_{3-x}$(0<x<0.28)复合 SERS 基底表面，待溶液干燥后采用激光共聚焦拉曼光谱仪进行分析测试。

最后，采用所制备 3D 蒲公英状 Ag/WO$_{3-x}$(0<x<0.28)胶体实现果皮表面有机农残的直接检测：将果皮剥离，采用直径 5mm 的打孔器冲成标准的圆片，随后 20μL 无水乙醇均匀分散到果皮圆片表面，待其干燥后将 20μL 浓缩的 Ag/WO$_{3-x}$(0<x<0.28)溶胶滴加于同样位置，在胶体将近干燥时转移至拉曼平台采集数据。

8.4　多功能 SERS 基底性能研究及应用分析

8.4.1　蒲公英状 Ag/WO$_{3-x}$(0<x<0.28)可循环 SERS 基底的设计

WO$_{2.72}$ 作为一类新型的过渡金属氧化物，由于其不寻常的结构缺陷和独特的理化特性已经引起了科学家们极大的关注。采用水热反应法制备的 3D 蒲公英状的 WO$_{2.72}$ 刺球其表面具有一定的还原性，且足以原位还原溶液中的贵金属离子并在 WO$_{2.72}$ 表面生成均匀致密的贵金属纳米颗粒[图 8-1(Ⅰ)]。该过程中没有使用还原剂以及其他任何添加剂，为构建表面洁净的可循环 SERS 基底提供一种全新的绿色合成路径。

WO$_{2.72}$ 既作为供电子载体用于溶液中贵金属离子的还原，同时它也作为模板用于金属纳米颗粒的承载(见图 8-1)。由于所构建的 3D 蒲公英状 Ag/WO$_{3-x}$(0<x<0.28)具有较大的比表面积和高密度"热点"，且制备过程中没有使用任何添加剂，有效避免了污染组分的引入，确保了复合 SERS 基底对 MG 和福美双的超灵敏检测[图

8-1（Ⅱ）］。鉴于 Ag/WO$_{3-x}$（0<x<0.28）能作为一类有效的光催化剂来实现有机污染物的光催化降解，本章构建了可循环利用的 3D 蒲公英状 Ag/WO$_{3-x}$（0<x<0.28）复合 SERS 基底。在分析测试完成后，通过可见光的辐照作用，能够实现复合 SERS 基底的光催化自清洁［图 8-1（Ⅲ）］。

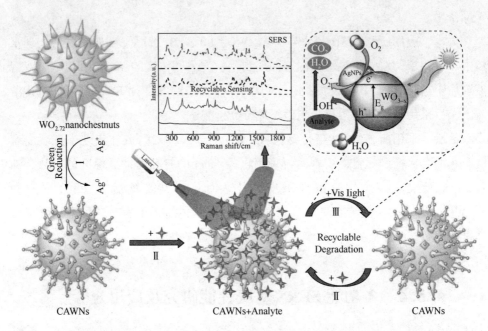

图 8-1　3D 蒲公英状 Ag/WO$_{3-x}$（0<x<0.28）微纳米结构（CAWNs）可循环 SERS 基底构建示意
（Ⅰ）AgNPs 的绿色原位还原；（Ⅱ）待测物分子吸附及 SERS 检测；（Ⅲ）基底表面自清洁

8.4.2　三类 WO$_{2.72}$ 微纳米结构的制备及其生长机制

本章中，我们以六氯化钨（WCl$_6$）和无水乙醇（C$_2$H$_5$OH）为反应前驱体，在无任何"添加剂"的情况下通过水热反应法合成了三种不同形貌的 WO$_{2.72}$ 微纳米结构，即 1D 的 WO$_{2.72}$ 纳米线、2D 的 WO$_{2.72}$ 纳米线束和 3D 蒲公英状 WO$_{2.72}$ 刺球。

图 8-2 显示了在不同的 WCl$_6$ 浓度下所制备的三种形貌各异的 WO$_{2.72}$ 微纳米结构 SEM 照片。实验结果清晰地表明，较低的 WCl$_6$ 浓度［（WCl$_6$）<0.01M］将会产生大量一维的 WO$_{2.72}$ 纳米线，这些纳米线长 2~3μm，直径约为 10nm，具有较大的长径比［图 8-2，（a$_1$）~（a$_2$）］。

然而，一旦前驱体 WCl$_6$ 浓度位于 0.01M 和 0.04M 之间时，所制备的 WO$_{2.72}$ 纳米线便开始有序叠加，并以纳米线束的形式存在［图8-2，（b_1）~（b_2）］。有趣的是，当前驱体的浓度增加到0.04M或高于0.04M时，水热反应后将获得大量尺寸均一的3D蒲公英状$WO_{2.72}$刺球，其直径约为800nm［图8-2，（c_1）~（c_2）］。

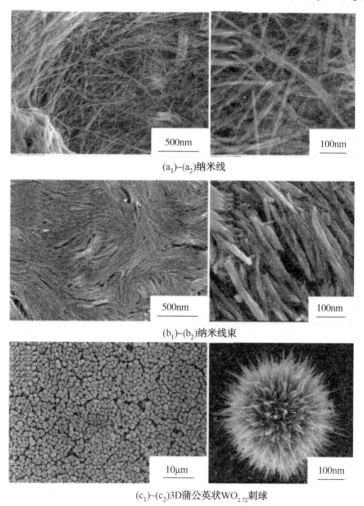

(a_1)~(a_2)纳米线

(b_1)~(b_2)纳米线束

(c_1)~(c_2)3D蒲公英状$WO_{2.72}$刺球

图8-2 三类$WO_{2.72}$微纳米结构的SEM照片

图8-3(a)为所制备的3D蒲公英状$WO_{2.72}$刺球的EDS能谱图，谱图分析结果表明所制备试样仅包含W和O元素，为钨的氧化物（C元素出外）。图8-3(b)进一步展示了上述蒲公英状刺球的典型XRD衍射图谱，所有的衍射峰与单斜的$WO_{2.72}$相一致，其晶格常数为a=18.3，b=3.78，c=14.0Å。此外，代表性的拉曼光谱图［图8-3(c)］被用来区分钨氧化物的不同相态。

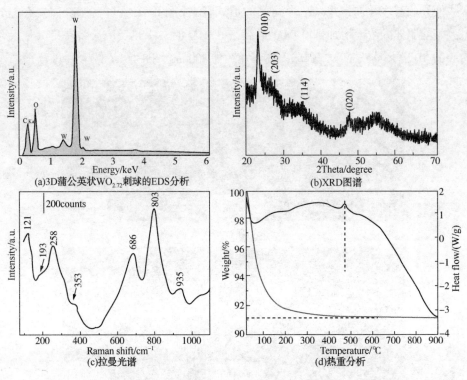

(a)3D蒲公英状WO$_{2.72}$刺球的EDS分析

(b)XRD图谱

(c)拉曼光谱

(d)热重分析

图 8-3　典型的 WO$_{2.72}$ 微纳米结构表征

如图 8-3(c)所示，蒲公英状刺球的拉曼谱图主要由两组特征散射峰组成，它们分别位于 100~400nm 和 600~900nm 范围内，主要归属于 O-W-O 的弯曲振动、W-O 的伸缩振动和 W-O-W 的伸缩振动，并与 WO$_{2.72}$ 微纳米结构的特征拉曼散射峰吻合。以上所有实验结果均印证了所制备的 3D 蒲公英状刺球为氧空位丰富的 WO$_{2.72}$。

根据所制备材料的热重分析[如图 8-3(d)]，我们推测 3D 蒲公英状刺球可能具有较大的比表面积和吸附能力，这为 SERS 检测和光催化反应提供了一个非常有利的先决条件。另一方面，在 500℃ 处我们发现了一个明显的热流，该温度对应于 WO$_{2.72}$ 和 WO$_3$ 之间的晶体相变，暗示氧空位丰富的 WO$_{2.72}$ 被完全氧化。

如图 8-4 所示，本章对水热反应中 WO$_{2.72}$ 微纳米结构的形成过程及可能的机理进行了详细的分析。首先，WCl$_6$ 与无水乙醇在高温条件下，根据复分解反应基本原理，反应初始阶段可能产生(CH$_3$CH$_2$O)$_x$WCl$_y$ 和 HCl[图 8-4(Ⅰ)]或(HO)$_x$WCl$_y$ 和 CH$_3$CH$_2$Cl[图 8-4(Ⅱ)]。在本实验条件下，由于强烈的刺激性酸性气体

（即 HCl）在水热反应初期被探测到，且没有任何关于 CH_3CH_2Cl 的信号被发现，我们推断反应中醇解过程[图 8-4（Ⅰ）]是占主导地位的。

随后，反应体系中发生了以下两类缩合反应：（a）两分子的醇盐通过缩合反应生成一分子的氧桥和一分子的乙醚[图 8-4（Ⅲ）]；（b）两分子的乙醇发生脱水缩合反应生成一分子的乙醚和水[图 8-4（Ⅳ）]。最后，反应（Ⅰ）中所生产的 $(CH_3CH_2O)_xWCl_y$ 俘获了反应（Ⅳ）中释放出来的水分子，发生水解反应并生成钨的低价态氧化物 $WO_{2.72}$[水解过程，见图 8-4（Ⅴ）]。值得注意的是，与形成"氧桥"相比较，$(CH_3CH_2O)_xWCl_y$ 的水解过程更容易产生无机氧化物，因此，本研究工作中 $WO_{2.72}$ 微纳米材料的形成主要是基于水解机制。

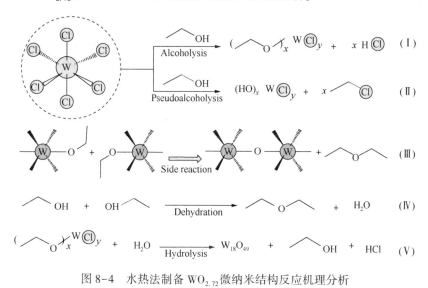

图 8-4　水热法制备 $WO_{2.72}$ 微纳米结构反应机理分析

为了进一步分析 3D 蒲公英状 $WO_{2.72}$ 刺球的微观结构及形态演变机制，实验中观察了不同水热反应时间节点所生成的产物形貌，结果如图 8-5 所示。反应初始时，WCl_6 在乙醇中首先热分解成 $(CH_3CH_2O)_xWCl_y$，随后的水解将导致 $WO_{2.72}$ 纳米颗粒的形成（见图 8-6）。由于这些纳米粒子的表面能较高，在 4h 后，它们开始团聚并形成表面粗糙的微纳米球，直径约 550nm，如图 8-5（a）所示。

当水热反应时间增加到 8h 后，微纳米球的尺寸进一步增加，一些细小的纳米针尖也开始出现在微纳米球体表面[图 8-5（b）]。随后，随着反应时间延长至 12h，微纳米球表面开始析出大量的、高密度的纳米针，并逐渐演变成 3D 蒲公英状刺球，其直径增加至 700nm 左右。图 8-5（c）为典型的 3D 蒲公英状刺球 SEM

图像，很明显，微球表面所覆盖的高密度纳米针沿着球心径向生长。3D 蒲公英状 $WO_{2.72}$ 刺球的微观结构及形态演变过程清晰地表明了刺球的生长是通过逐步增长机制实现的，在 24h 后，微纳米球体表面的纳米针的直径大约为 15nm，长度则达数百纳米[图 8-5(d)]。基于以上演化结果的分析，可归纳五个主要步骤并用来描述 3D 蒲公英状 $WO_{2.72}$ 刺球的逐步生长机制，依次是醇解、水解、成核、聚合和尖端增长，如图 8-5(e)所示。

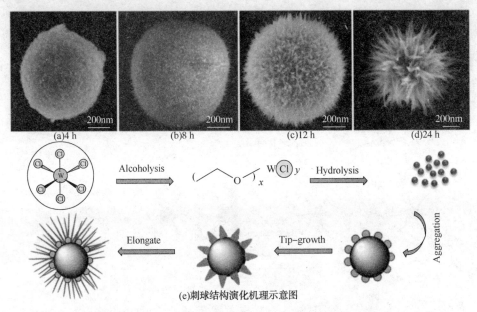

图 8-5　不同水热法反应时间所制备 3D 蒲公英状 $WO_{2.72}$ 微纳米结构 SEM 照片

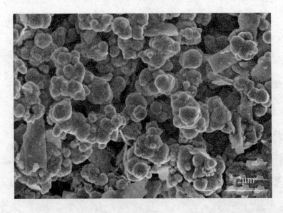

图 8-6　水热反应初始时所得到 $WO_{2.72}$ 微纳米球结构中间体

124

图 8-7 为 3D 蒲公英状 $WO_{2.72}$ 刺球的 UV-Vis 吸收光谱，谱图中在可见光和近红外区域(400~1100nm)出现了明显的吸收尾峰。该宽的吸收尾峰的出现明确地表明了所制备的非化学计量比的 3D 蒲公英状 $WO_{2.72}$ 刺球含有大量的氧空位。值得关注的是，这些氧空位的存在使得 $WO_{2.72}$ 刺球具有一定的还原能力，并能直接原位还原溶液中的贵金属离子。该过程反应条件非常温和，通常在室温条件下即可发生，且无需任何其他的添加剂。

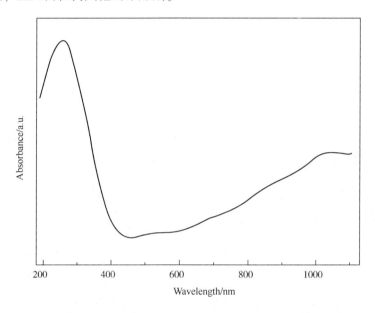

图 8-7　3D 蒲公英状 $WO_{2.72}$ 微纳米结构 UV-Vis 光谱分析

8.4.3　氧化物支架的金属化——AgNPs 的原位负载与优化

非化学计量比的 $WO_{2.72}$ 除了具有强或弱的还原性，亦能作为一种温和的还原剂应用于诸多不同的领域。此外，在没有任何贵金属修饰的情况下，$WO_{2.72}$ 也具有一定的 SERS 增强效应，并可直接用作 SERS 基底。研究表明 $WO_{2.72}$ 丰富的氧空位也可能带来额外的拉曼增强效应。为此，本章拟将等离子体特性良好的 AgNPs 原位修饰到原本具有 SERS 活性的 $WO_{2.72}$ 基底表面，进而获得 SERS 活性更高的增强基底，其中可能涉及的增强机理有：①AgNPs 的局域表面等离子体共振产生的电磁增强；②AgNPs 与 $WO_{2.72}$ 模板支架之间的电荷转移所引发的化学增强。更重要的是，在无须还原剂和任何其他有机添加剂的情况下，AgNPs 即可直

接原位沉积于 $WO_{2.72}$ 微纳米结构表面(获得清洁的 SERS 基底)。这些完全清洁的基底表面不仅省去了复杂的有机污染层去除过程,而且有效地降低拉曼测试中的噪声干扰,从而实现了灵敏、快速、准确的 SERS 检测。与此同时,由于空间位阻效应的减少以及吸附位点的增加,更多的待测物分子将吸附在清洁的 3D 蒲公英状 $Ag/WO_{3-x}(0<x<0.28)$ 复合 SERS 基底表面。

如图 8-8 所示,AgNPs 分别成功地原位沉积于三类 $WO_{2.72}$ 微纳米结构表面。修饰 AgNPs 后的微纳米结构随后分别自组装成 1D、2D 和 3D 结构的 SERS 基底。然而,三类自组装的 SERS 基底却表现出极大的增强差异,结果如图 8-9 所示。很显然,由于 3D 微纳米结构具有更大的比表面积且 3D 空间内能负载密度更高的 AgNPs,因此 3D 蒲公英状 $Ag/WO_{3-x}(0<x<0.28)$ 展现出最优的 SERS 增强效应。

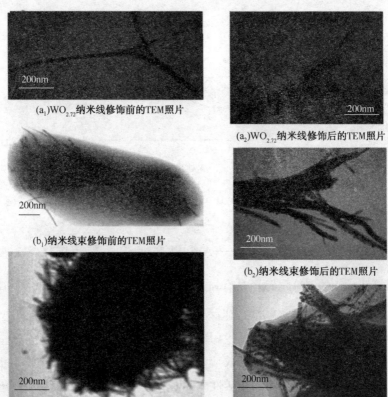

$(a_1)WO_{2.72}$纳米线修饰前的TEM照片

$(a_2)WO_{2.72}$纳米线修饰后的TEM照片

(b_1)纳米线束修饰前的TEM照片

(b_2)纳米线束修饰后的TEM照片

(c_1)3D蒲公英状刺球修饰前的TEM照片

(c_2)3D蒲公英状刺球修饰后的TEM照片

图 8-8　三类 $WO_{2.72}$ 微纳米结构表面 AgNPs 原位氧化还原沉积 TEM 照片

126

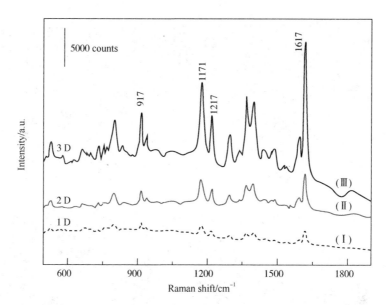

图 8-9　AgNPs 修饰的三类 WO$_{2.72}$ 微纳米结构 SERS 基底对 MG 的增强效应

Ⅰ—纳米线；Ⅱ—纳米线束；Ⅲ—3D 蒲公英状 WO$_{2.72}$ 刺球

图 8-10 为 3D 蒲公英状 Ag/WO$_{3-x}$（0<x<0.28）不同位点、不同倍率的 SEM 照片。图中清晰可见蒲公英刺球的顶部、侧面以及任意单针结构表面均沉积负载了大量均匀的、高密度的 AgNPs。这些 AgNPs 的表面及颗粒之间狭窄的隙缝结构将产生高密度的 3D"热点"，它们是表面增强拉曼散射信号增强的主要来源，能有效提高 SERS 检测的灵敏度。此外，带有棱角或尖端的贵金属或半导体微纳米结构也能产生更强的局域电磁场，因而在蒲公英状复合 SERS 基底的间隙处更易产生"热点"与 SERS 增强效应。

3D 蒲公英状 WO$_{2.72}$ 刺球表面 AgNPs 的平均尺寸对所制备的复合 SERS 基底增强性能的影响也非常明显。本实验可通过调节原位氧化还原反应中硝酸银溶液的浓度或沉积时间来优化 AgNPs 的形貌与尺寸。

图 8-11 展示了在不同硝酸银浓度下蒲公英状 WO$_{2.72}$ 刺球表面所沉积的不同尺寸 AgNPs 的 SEM 照片，相应的 SERS 增强效应如图 8-12 所示。上述实验结果清晰地表明，AgNPs 的尺寸、密度与所修饰的 SERS 基底增强效应密切相关。很显然，为了获得最优的 SERS 增强效应，最合适的 AgNPs 尺寸并不是直径最大的[图 8-11(e)与图 8-12(ⅴ)]，也不是最小的[图 8-11(a)与图 8-12(Ⅰ)]。在 0.05M~0.08M 的硝酸银溶液中更容易获得合适的尺寸（10~20nm）与最优的 SERS 增强特性。

(a)刺球顶部不同倍率SEM图   (b)刺球顶部不同倍率SEM图

(c)刺球侧面SEM图   (d)单一纳米针表面结构SEM图

图 8-10　AgNPs 修饰的 3D 蒲公英状 $WO_{2.72}$ 微纳米结构 SEM 照片

(a)0.01M   (b)0.03M   (d)0.08M

(c1)0.05M   (c2)0.05M   (e)0.1M

图 8-11　3D 蒲公英状 $WO_{2.72}$ 微纳米结构表面 AgNPs 的优化调控

注：分别采用不同浓度的硝酸银原位氧化还原

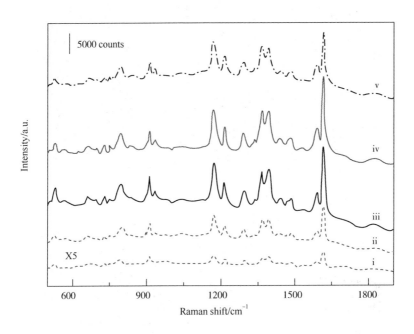

图 8-12　采用不同浓度的硝酸银所沉积修饰的蒲公英状 $WO_{2.72}$ 刺球对 MG 的增强效应

i—0.01M；ii—0.03M；iii—0.05M；iv—0.08M；v—0.1M

图 8-13 为优化后的 3D 蒲公英状 $Ag/WO_{3-x}(0<x<0.28)$ 刺球的 TEM 图像。图像（a）（b）清晰地显示 AgNPs 在 $WO_{2.72}$ 表面均匀地分布，这与图 8-10 中典型 SEM 图像的结果一致。图 8-10（c）与（d）分别为 $WO_{2.72}$ 和 AgNPs 的 HRTEM 照片，AgNPs 典型的晶面间距表明所沉积制备的 Ag 晶体仍为面心立方结构，呈多晶状态，晶粒择优取向于 111，晶粒尺寸约为 5～10nm。而异质结构的 $WO_{2.72}$ 针尖分支晶体则沿 010 方向生长，在与 AgNPs 紧密接触的位点则为被氧化的非晶态 WO_3 结构。

为了进一步证实 AgNPs 在 $WO_{2.72}$ 表面成功修饰，并描绘 Ag 元素的具体分布情况，我们采用 STEM-EDS 对所制备的试样进行了元素面分布分析，结果如图 8-14 所示。EDS 结果清晰地表明了所制备的微纳米结构包含 W、O 和 Ag 三元素，印证了 AgNPs 的成功修饰。图 8-14（b）与（c）分别为 $WO_{2.72}$ 分支结构中 O、W 的元素分布图，其元素分布形态与 STEM 图像一致。而图 8-14（d）中 AgNPs 的元素分布则再次证实了 AgNPs 在 $WO_{2.72}$ 分支结构表面均匀地负载。

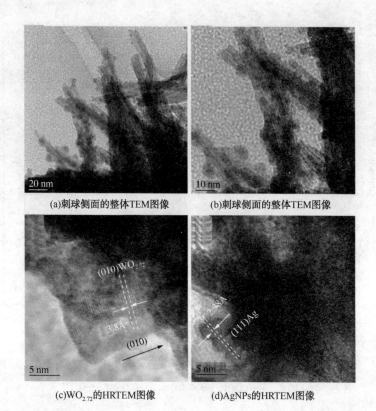

(a)刺球侧面的整体TEM图像 (b)刺球侧面的整体TEM图像

(c)WO₂.₇₂的HRTEM图像 (d)AgNPs的HRTEM图像

图 8-13 优化后的 3D 蒲公英状 Ag/WO$_{3-x}$(0<x<0.28)刺球的 HRTEM 照片

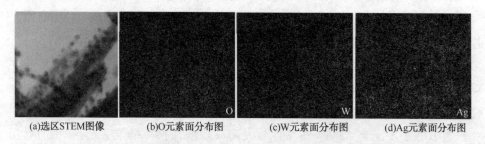

(a)选区STEM图像 (b)O元素面分布图 (c)W元素面分布图 (d)Ag元素面分布图

图 8-14 3D 蒲公英状 Ag/WO$_{3-x}$(0<x<0.28)刺球的 EDS 分析

图 8-15 为具有 SERS 增强效应的 Ag/WO$_{3-x}$(0<x<0.28)胶体的制备过程,如将所制备的 3D 蒲公英状 Ag/WO$_{3-x}$(0<x<0.28)刺球分散在适当的溶剂中,比如水、无水乙醇等,试样可快速均匀地分散开,并在一段时间内保持稳定。均匀分散的活性胶体不仅能自组装成 SERS"芯片"用于待测物的分析检测,亦可直接作为高活性的 SERS 胶体在复杂样品表面直接使用。

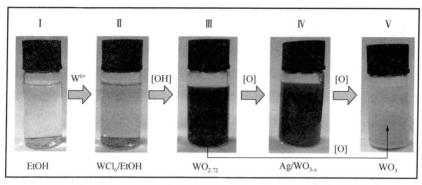

图 8-15　具有 SERS 效应的 Ag/WO$_{3-x}$(0<x<0.28)胶体的制备过程

8.4.4　蒲公英状 SERS 基底的增强特性及重现性评估

为了评估 3D 蒲公英状 Ag/WO$_{3-x}$(0<x<0.28)微纳米结构 SERS 基底的增强效应及分析检测能力,我们采用定性与定量相结合的方式对 MG(一种常用的三苯甲烷类染料)进行了测试。简而言之,预先将一系列不同浓度梯度的 MG 溶液配置好,随后将其分别滴加到所制备的 SERS 基底表面,待溶液蒸发后,依次采集具有代表性的拉曼光谱[见图 8-16(a),MG 浓度依次从 10^{-12}M ~ 10^{-6}M]。由图 8-16(a)可见,除空白对照试样外,不同浓度梯度的拉曼光谱中 MG 的四个主峰均清晰可见,且依次位于 913cm^{-1}、1171cm^{-1}、1217cm^{-1} 和 1617cm^{-1}。值得注意的是,当 MG 溶液一直稀释至 10^{-12}M 时,图中依然可见 MG 的特征拉曼散射,其放大的拉曼散射光谱如图 8-17 所示。

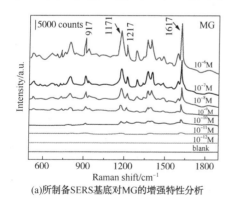

(a)所制备 SERS 基底对 MG 的增强特性分析

(b)MG 特征拉曼散射峰1617 cm^{-1}处强度与MG浓度的对应关系(插图为MG浓度从10^{-12}~10^{-6}M时与强度的线性关系)

图 8-16　基底性能测试

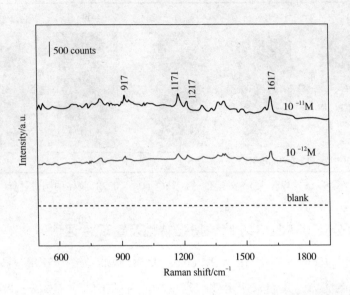

图 8-17　所制备的 3D 蒲公英状 Ag/WO$_{3-x}$(0<x<0.28)SERS 基底对 MG 的检测极限

注：图中曲线为图 8-16(a)图中底端曲线的放大

　　然而，当 MG 浓度继续降至 10^{-13} M 时，实验中没有明确的 MG 信号被检测到，因此可粗略地认为 3D 蒲公英状 Ag/WO$_{3-x}$(0<x<0.28)微纳米结构 SERS 基底对 MG 探针分子的检测极限约为 10^{-12} M。如此低的检出限也表明所制备的 SERS 基底具有较高的增强效应，足以应对溶液中痕量待测物的高灵敏检测。图 8-16(b)为特征峰 1617cm^{-1} 处拉曼强度与 MG 浓度的对数曲线关系，其相应的线性关系如插图所示：

$$\log I_{1617} = (0.282 \pm 0.005) \cdot \log c + (6.180 \pm 0.050) \qquad (8-1)$$

式中　I_{1617}——MG 在 1617cm^{-1} 处特征峰强度值；

　　　　c——MG 待测溶液的摩尔浓度；

　　　线性相关系数 R^2=0.9915。

　　除了高的检测灵敏度，SERS 基底的均一性和检测结果的重现性也是 SERS 技术应用于实际分析测试领域的重要先决条件。将一定浓度的 MG 储备溶液滴加到所制备的 3D 蒲公英状 Ag/WO$_{3-x}$(0<x<0.28)微纳米结构 SERS 基底表面，待溶液挥发干燥后，随机选取基底上 12 个不同的位点进行拉曼测试，所采集的拉曼光谱如图 8-18 所示。

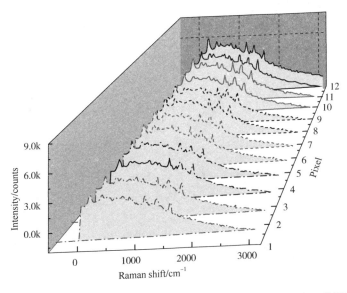

图 8-18　所制备的 3D 蒲公英状 Ag/WO$_{3-x}$（0<x<0.28）SERS 基底对 MG 检测的重现性

随后，分别对位于 1171cm^{-1} 和 1617cm^{-1} 处的拉曼特征峰强度进行了统计分析，结果如图 8-19(a) 和 (b) 所示，其 RSD 分别为 7.8% 和 7.5%。上述实验结果表明所制备的 3D 蒲公英状 Ag/WO$_{3-x}$（0<x<0.28）微纳米结构 SERS 基底具有良好的均匀性，在 MG 的分析测试过程中展现出了较高的信号重现性。由于 SERS 基底的均一性与检测结果的重现性，增强基底在大尺度制备后可随机裁剪成各种形状的 SERS"芯片"并进行分析测试，其利用率将会显著提升。

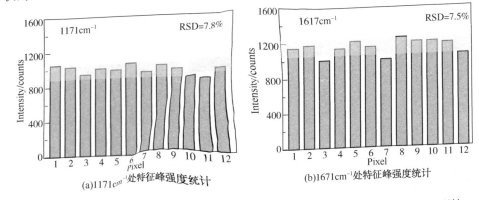

(a)1171cm^{-1}处特征峰强度统计　　　　(b)1671cm^{-1}处特征峰强度统计

图 8-19　所制备的 3D 蒲公英状 Ag/WO$_{3-x}$（0<x<0.28）SERS 基底对 MG 检测的重现性

图 8-20 展示了扫描面积为 $100\mu m^2$ 的逐点扫描拉曼成像结果，所采集的成像像素点的总数为 441(21×21)。如图中所示，位于 $1617cm^{-1}$ 处的 MG 特征峰像素点拉曼峰强度大都差别不大，除了个别位点因 $WO_{2.72}$ 刺球和 AgNPs 的聚集而导致像素点的峰值强度发生较大变化。经统计分析，这些像素点对应的 RSD 值约为 10%，与先前基底表面随机采集的拉曼特征峰强度的 RSD 统计结果相当。

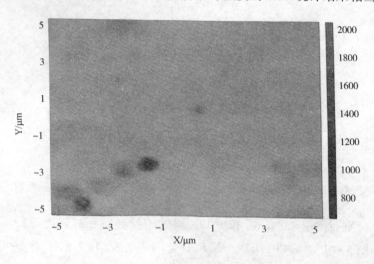

图 8-20　所制备的 3D 蒲公英状 Ag/WO_{3-x}（0<x<0.28）
SERS 基底逐点扫描拉曼成像结果

8.4.5　蒲公英状 SERS 基底循环特性分析

在实际的分析测试应用中，为了减少资源消耗、提高性价比，设计并制造可循环利用的 SERS 基底具有非常重要的意义。近年来，在许多不同的应用领域已经报道了贵金属/氧化物半导体复合材料具有光催化自清洁功能。然而，基于 3D 微纳米结构的贵金属/氧化物可循环 SERS 基底的研制尚未见报道。

在前期的研究工作中，本课题组成功研制了贵金属/氧化铜复合结构，该材料既可以作为 SERS 增强基底，也可用作有机小分子的光催化降解。其中可能存在的光催化机理如下：在可见光辐照下，受激发的贵金属/氧化物复合材料将逐步还原材料表面溶解或吸附的氧分子，进而产生过氧化物自由基，随后进一步产生具有强氧化性的中间体如 $\cdot O_2^-$ 和 $\cdot OH$。这些氧化性的中间体能氧化分解吸附在材料表面的有机小分子，实现贵金属/氧化物复合材料表面的*自清洁*。同时，

134

贵金属纳米颗粒较高的导电性也有助于提高光生电子/空穴的分离效率。此外，也有报道声称部分光催化活性可能来源于贵金属纳米粒子的表面等离子体共振效应。

图 8-21 为所制备的 3D 蒲公英状 Ag/WO$_{3-x}$(0<x<0.28) 微纳米结构的紫外可见吸收光谱，由于能够吸收可见光且具有更强的吸附能力，因此该贵金属/氧化物复合结构也能展现出显著的光催化活性，即在可见光的辐照下，该复合基底能够快速催化降解 SERS 基底表面吸附的待测物分子，进而实现复合 SERS 基底的循环利用。

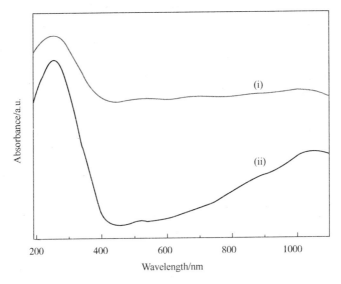

图 8-21   3D 蒲公英状 Ag/WO$_{3-x}$(0<x<0.28) 的 UV-Vis
吸收光谱(ⅰ)以及纯 WO$_{2.72}$的 UV-Vis 吸收光谱(ⅱ)

图 8-22 为所制备的 SERS 基底表面 MG 分子的光催化降解途径。这是一个典型的氧化过程，氧化剂主要来源于光催化过程中所产生的强氧化性中间体。以 MG 为例，其光催化降解的可能流程如图 8-22 所示，很显然，催化流程 I 和催化流程 II 首先分别将 MG 分子中苯胺环状结构催化断裂，并依次产生 A 与 B，或者 C 与 D 两组分子片段。随后，A 与 C 的分子片段会相互转换，在下一步的催化作用中被逐渐氧化分解为可降解的小分子。同样，苯胺类片段 B 与 D 也在相互转化过程中被进一步氧化分解，详细碎片的原位质谱正在分析研究中。

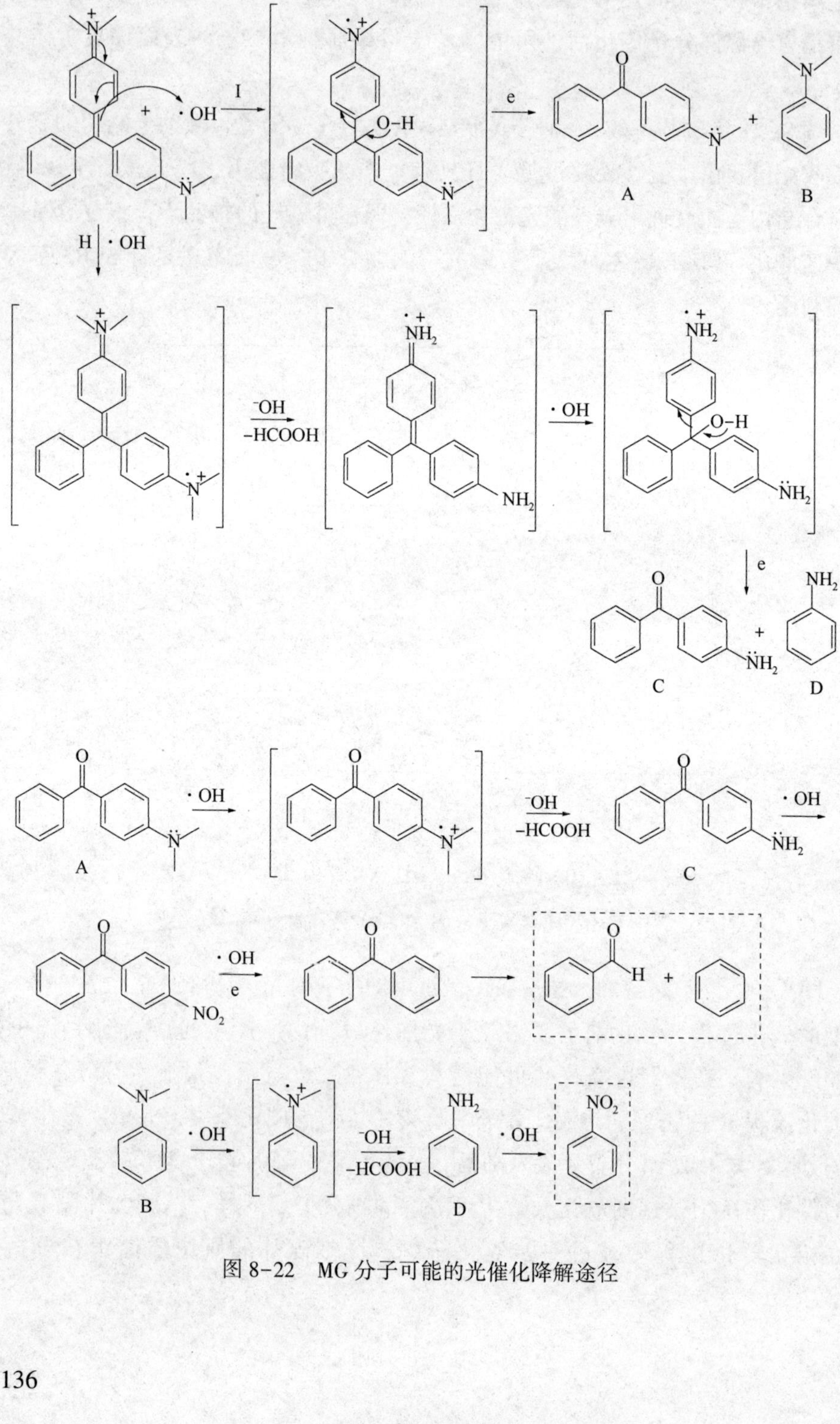

图 8-22　MG 分子可能的光催化降解途径

图 8-23(a)显示了 3D 蒲公英状 Ag/WO$_{3-x}$(0<x<0.28)微纳米结构 SERS 基底在可见光自清洁前后,基底表面 MG 的拉曼光谱图。由图可见,经过 50min 的可见光辐照与去离子水洗涤后,SERS 基底表面 MG 的拉曼信号几乎完全消失[如图8-23(a)曲线 2、4、6 和 8 所示]。而当同样条件下,同样浓度的 MG 溶液再次滴加到原 SERS 基底表面时,基底表面 MG 的 SERS 检测信号得以恢复[如图 8-23(a)曲线 3、5、7 和 9 所示]。值得注意的是,所制备的 SERS 基底在经过几个周期的光催化自清洁作用后,执行 SERS 检测时仍具有较高的 SERS 活性。同样,在后续的光催化自清洁作用时,也展现出良好的催化效应。如图 8-23(b)所示,在历经五个循环周期后,所制备的 SERS 基底其拉曼增强效应仍然非常可观,仅有轻微的强度衰退(维持约 80%左右的 SERS 强度),而光催化效率几乎维持在100%。实验结果表明,所制备的 3D 蒲公英状 Ag/WO$_{3-x}$(0<x<0.28)微纳米结构SERS 基底在分析测试完成后,通过可见光的辐照即可有效再生,从而实现了SERS 基底的循环利用。

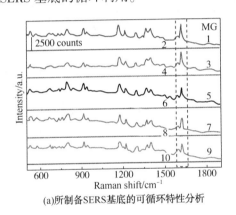 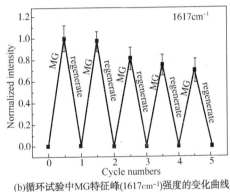

(a)所制备SERS基底的可循环特性分析　　(b)循环试验中MG特征峰(1617cm^{-1})强度的变化曲线

图 8-23　基底循环特性

为了理解电磁波与所制备的 3D 蒲公英状 Ag/WO$_{3-x}$(0<x<0.28)微纳米结构 SERS 基底之间的相互关系,我们采用时域有限差分法(Finite Difference Time Domain, FDTD)模拟了该结构的电磁场分布,结果如图 8-24 所示。图 8-24(f)为典型的结构模型,蒲公英状 WO$_{3-x}$ 和 AgNPs 的形状及尺寸参数与扫描电镜图像中的物理测量结果一致。图 8-24(c)为在 633nm 入射激光波长下所模拟的单个蒲公英状 AgNPs/WO$_{3-x}$ 刺球的电磁场分布图。从电磁场分布可以看出,"热点"或最大电磁强度大多位于 WO$_{3-x}$ 刺球的针尖顶端以及中部相邻的 AgNPs 之间的隙缝。

同时，我们也进一步获得了在另外四个不同波长下（532nm、589nm、671nm和785nm）入射激光波段与电磁场增强的关系，结果分别如图 8-24（a）、图 8-24（b）、图 8-24（d）和图 8-24（e）所示。图中可清晰地发现，在 785nm 入射激光的激发下，整个 3D 蒲公英状 AgNPs/WO$_{3-x}$（0<x<0.28）微纳米结构表面产生了最高的电磁场强度，而该电磁场所对应的 SERS 增强理论值略小于 10^8。

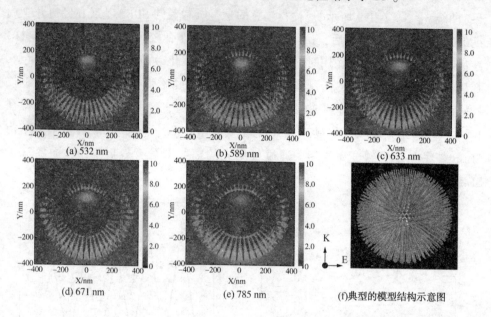

图 8-24　不同入射激光波长下 3D 蒲公英状 Ag/WO$_{3-x}$（0<x<0.28）
微纳米结构电磁场分布 FDTD 模拟结果

上述实验结果也清晰地表明较长的激光波长更容易在高度支化的蒲公英状 AgNPs/WO$_{3-x}$（0<x<0.28）微纳米结构表面产生更强的局域表面等离子体共振。此外，纳米针中部的局域电磁场强度要稍强于蒲公英状刺球外表面。这是由于 AgNPs 聚集在狭窄的空间而造成的"热点"密度增强。在所沉积的 AgNPs 中，其最强的增强位点位于密集排列的 AgNPs 之间的隙缝，这与先前的研究结果相一致。FDTD 仿真模拟结果系统地描绘了一个相对均匀的 3D 蒲公英状电磁场分布，这均归因于所制备的 3D 蒲公英状 AgNPs/WO$_{3-x}$（0<x<0.28）微纳米结构存在大量 3D 空间的针尖状分支结构，高密度负载的 AgNPs 及其产生的 3D 空间"热点"。

8.4.6 农药残留的超灵敏检测

福美双又名四甲基秋兰姆二硫化物，是一种典型的含硫杀虫剂，常被用来防治各类农作物及种子的真菌性病害。先前的研究表明，福美双分子在与 AgNPs 相互作用后可能形成共振的自由基结构，进而导致福美双分子结构中 S—S 键的断裂。通常，该过程会产生两个二甲基的残片，并通过 S—C—S 强烈地吸附到 AgNPs 表面。我们推断当福美双分子吸附到所制备的 3D 蒲公英状 AgNPs/WO$_{3-x}$（0<x<0.28）微纳米结构 SERS 基底时，其较强的相互作用力（形成了双齿配体配位化合物）将有利于为福美双分子的识别与检测。

图 8-25（a）为基于所制备的 3D 蒲公英状 SERS 基底对不同浓度梯度福美双的 SERS 检测。由图可见，随着 SERS 基底表面福美双浓度的逐渐降低（从 1μM～0.5nM），所采集的拉曼光谱其特征峰强度也不断衰减。从 400cm^{-1} 到 2000cm^{-1} 区间内，拉曼光谱图中福美双典型的特征散射峰及其归属分别如下，556cm^{-1}[v(S—S)]、928cm^{-1}[v(CH$_3$N)，v(C=S)]、1150cm^{-1}[ρ(CH$_3$)，v(C—N)]、1387cm^{-1}[δ(CH$_3$)，v(C—N)]、1444cm^{-1}[δas(CH$_3$)] 和 1508cm^{-1}[ρ(CH$_3$)，v(C—N)]，这与文献报道的值一致。

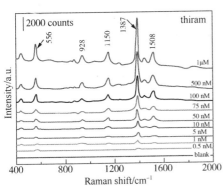

(a)所制备的3D蒲公英状Ag/WO$_{3-x}$(0<x<0.28)SERS
基底对不同浓度福美双的分析检测

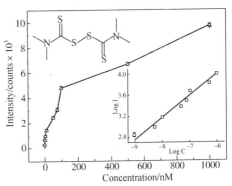

(b)检测过程中福美双浓度与SERS光谱
特征峰(1387cm^{-1})强度的统计
(插图为对数浓度的线性关系)

图 8-25　基底性能测试

值得注意的是，当福美双浓度低至 0.5nM 时，其最强的特征峰 1387cm^{-1} 仍可以清楚地识别（图 8-26，局部放大图）。该结果清晰地表明，所制备的 3D 蒲公英状 AgNPs/WO$_{3-x}$（0<x<0.28）微纳米结构 SERS 基底在福美双的分析检测中产生

了巨大的拉曼增强效应。然而，当福美双的浓度进一步降低至 0.1nM 时，除了背景信号外，没有发现福美双的任何特征散射峰，因此，可粗略地认为所制备的 SERS 基底对福美双的检出限约为 0.5nM，重要的是该检测极限远远低于我国和欧盟法定的最大农残限量（Maximum Residue Limit，MRL）2~8mg·kg^{-1}。

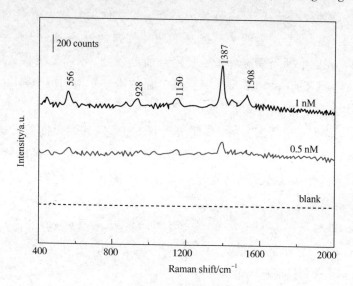

图 8-26　所制备的 3D 蒲公英状 Ag/WO$_{3-x}$（0<x<0.28）SERS 基底对福美双的检测极限

注：图中曲线为图 8-25（a）图中底端曲线的放大

此外，在可见光的辐照作用下，吸附在 3D 蒲公英状 Ag/WO$_{3-x}$（0<x<0.28）微纳米结构 SERS 基底表面的福美双分子也能被快速地光催化降解，相应的光催化分解过程如图 8-27 所示。而位于 1387cm^{-1} 处最强的拉曼特征峰则归属于福美双分子 C-N 伸缩振动和-CH$_3$ 的对称变形振动模式。根据该特征峰的峰值强度与所对应的福美双浓度之间的函数关系［图 8-25（b）］，即可实现未知溶液中福美双的定量分析。由图 8-25（b）中插图可见，当福美双的摩尔浓度从 10^{-9}M 增至 10^{-6}M 时，其特征峰的峰值强度与溶液的对数浓度存在良好的线性关系，对应的线性回归方程为：

$$\log I_{1387} = (0.282 \pm 0.005)\log c + (6.180 \pm 0.050) \tag{8-2}$$

式中　I_{1387}——福美双在 1387cm^{-1} 处特征峰值强度；

　　　c——待测福美双的摩尔浓度；

线性相关系数 $R^2 = 0.9915$。

140

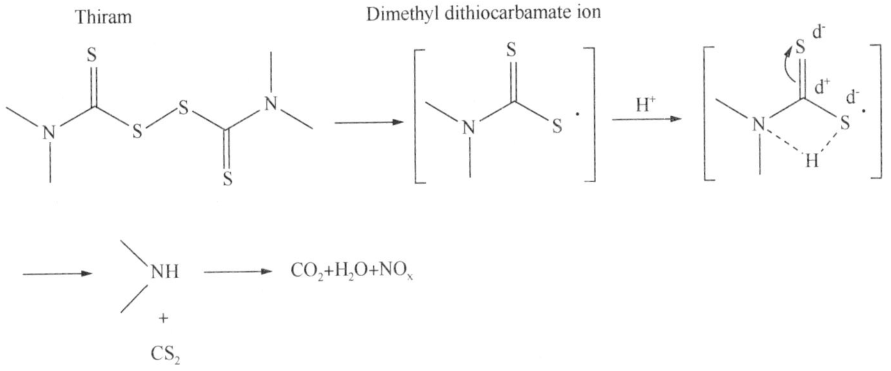

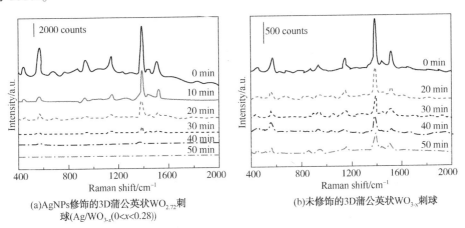

Thiram

Dimethyl dithiocarbamate ion

$\longrightarrow$ NH $\longrightarrow$ $CO_2+H_2O+NO_x$

+

CS_2

图 8-27 福美双分子可能的光催化分解机理

相比于未修饰 AgNPs 的 $WO_{2.72}$ 刺球[图 8-28(b)]，所制备的 3D 蒲公英状 Ag/WO_{3-x}($0<x<0.28$)微纳米结构 SERS 基底在可见光的辐照作用下产生了更高的催化效率[图 8-28(a)]。实验结果表明 AgNPs 的修饰促进了贵金属/氧化物半导体复合 SERS 基底的光催化特性。图 8-28(a)也清晰地表明了 AgNPs 修饰的蒲公英状 $WO_{2.72}$ 刺球[Ag/WO_{3-x}($0<x<0.28$)]在 50min 内完成了对福美双分子的催化降解。通过 $1387cm^{-1}$ 处特征峰值的相对强度的大小，可推断其光催化效率约为 100%。

图 8-28 不同基底对福美双分子的光催化分解实验

由图 8-29(a)可见，经过可见光的连续辐照和后续的漂洗过程后，3D 蒲公英状 Ag/WO_{3-x}($0<x<0.28$)微纳米结构 SERS 基底表面福美双的拉曼散射信号完全消失[如图 8-29(a)，曲线 2、4、6 和 8 所示]。当 SERS 基底表面再次滴加同

样浓度的福美双溶液后，其拉曼散射信号得以快速恢复[如图8-29(a)，曲线3、5、7和9所示]。在图8-29(b)中，历经五个"检测-自清洁-循环检测"过程后，3D蒲公英状SERS基底的增强性能依然能达到80%以上。该结果清晰地证实了所制备的SERS基底具有良好的拉曼增强特性以及显著的可循环利用特性。

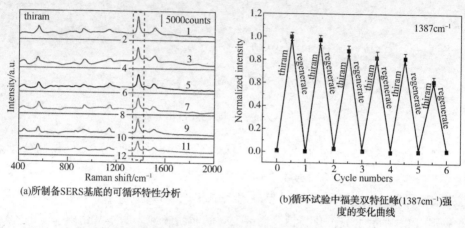

(a)所制备SERS基底的可循环特性分析

(b)循环试验中福美双特征峰(1387cm⁻¹)强度的变化曲线

图8-29 基底循环特性

8.4.7 蒲公英状SERS基底的稳定性分析

当SERS传感检测技术与光催化自清洁效应集成于同一SERS基底表面时，即可获得经济实用、可循环利用的"SERS芯片"。除了灵敏度、重现性和循环特性外，SERS基底的稳定性能也是一个不容忽视的因素。然而，由于具有SERS活性的AgNPs其化学稳定性较差，在实际应用过程中极易氧化变质，且存在不规则的团聚现象，进而导致SERS基底的增强性能大幅衰减、分析检测结果的重现性变差等问题。

致力于解决SERS基底表面AgNPs的不稳定性问题，研究人员通常会选择在易氧化的AgNPs表面涂覆一层无机氧化物薄膜。通过性能稳定的氧化物薄膜来隔离环境中的活性氧和氧化剂。虽然该方法行之有效，但在制备过程中往往难以控制保护膜的厚度及均匀性。此外，在SERS分析测试时，这层新沉积的保护层也会削弱AgNPs原本的SERS增强活性，降低待测物分子的吸附位点。为此，探寻一类可延迟氧化或抗氧化的SERS基底具有重要的现实意义。

为了评价所制备的SERS基底在大气环境中的稳定性，我们选取AgNPs@Si衬底作为参考体系。将新制备的AgNPs@Si基底裁剪成尺寸相同的薄片，然后暴露于大气环境下一段时间，随后在同等条件下负载同样数量的福美双分子，并依次考察不同暴露时间下 SERS 参比基底增强效应的变化。图 8-30 为经过不同的暴露（或储存）时间后，AgNPs@ Si 衬底对福美双的 SERS 光谱图。随着新制备基底暴露在大气中的时间逐渐延长，SERS 基底对福美双分子的增强效应不断地降低。当暴露时间增至 21 天时，AgNPs@ Si 参比基底对福美双的 SERS 增强信号大幅降至新制备基底的 5% 左右。我们推断，该参比基底 SERS 信号的衰减可能来源于 AgNPs 的局部氧化或不规则团聚。本章亦采用经典方法合成了银溶胶基底，对几类不同的基底进行比较分析发现，AgNPs@ Si 参比基底和银溶胶基底稳定性仅有 7 天左右，而新制备的 3D 蒲公英状 Ag/WO$_{3-x}$（0<x<0.28）SERS 基底的稳定性可以维持在一个月以上。

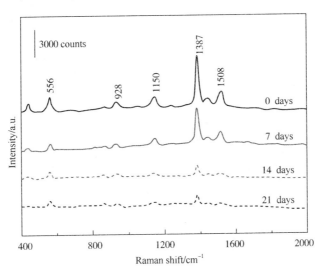

图 8-30　AgNPs@ Si 参比基底稳定性分析

　　然而，一旦 AgNPs 原位沉积于 3D 蒲公英状 WO$_{2.72}$ 刺球表面，拉曼测试结果显示复合后的 SERS 基底在室温、大气环境下暴露 30 天后，其 SERS 增强特性几乎无任何衰减现象[见图 8-31（a）]。依据实验结果分析可知，具有分层结构的 3D 蒲公英状 WO$_{2.72}$ 刺球为一类氧空位丰富的模板支架，且该结构属于亚稳状态。而在大气环境中亚稳态的 WO$_{2.72}$ 将优先氧化，进而有效维持复合 SERS 基底的稳定性。当复合 SERS 基底在大气环境中的暴露时间进一步延长时，由于蒲公英状 WO$_{2.72}$ 亚稳保护支架开始被过度氧化，实验结果发现复合 SERS 基底的增强特性亦开始逐步降低。如图 8-31（a）所示，当复合 SERS 基底的暴露时间分别增加到

45 天或 60 天时，其对福美双的信号增强分别下降至 75.0% 和 56.3%。

为了探索 3D 蒲公英状 AgNPs/WO$_{3-x}$(0<x<0.28) 复合 SERS 基底在大气环境下的抗氧化机制，本章采用 XPS 详细地分析了不同暴露时间下 SERS 基底中 W 的价态演变。图 8-31 中(b)(c)和(d)分别为新制备的复合 SERS 基底以及在大气环境中分别暴露 30 天和 60 天后基底表面 W4f 的 XPS 谱图。依据 XPS 结果分析可知，W4f 的 XPS 光谱分别由 W^{5+} 和 W^{6+} 两组双峰构成。拟合分析表明新制备的 AgNPs/WO$_{3-x}$(0<x<0.28) 复合 SERS 基底中 W^{5+} 的原子百分比为 33.1%，与先前的文献报道值相吻合。

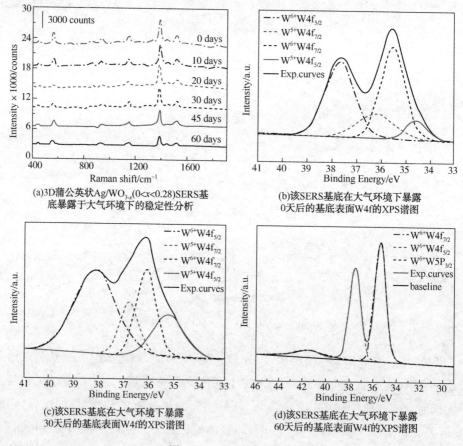

(a)3D蒲公英状Ag/WO$_{3-x}$(0<x<0.28)SERS基底暴露于大气环境下的稳定性分析

(b)该SERS基底在大气环境下暴露0天后的基底表面W4f的XPS谱图

(c)该SERS基底在大气环境下暴露30天后的基底表面W4f的XPS谱图

(d)该SERS基底在大气环境下暴露60天后的基底表面W4f的XPS谱图

图 8-31　基底稳定特性

当 SERS 基底曝光时间增加到 30 天时，W^{5+} 的原子百分比为下降到 19.6% [见图 8-31(c)]。而 W^{5+} 的含量降低则表示 WO$_{2.72}$ 部分被氧化成 WO$_3$，与此同时

AgNPs 则被钝化保护。由图 8-32 可见，Ag3d 的 XPS 谱图无任何明显变化，该结果印证了 AgNPs 尚未被氧化，处于被保护状态。当 SERS 基底曝光时间增加到 60 天后，W^{5+} 的原子百分比为下降比例下降为 0，W^{6+} 的含量为 100%［见图 8-31 (d)］。由此可推断，$WO_{2.72}$ 已被彻底氧化成 WO_3，而 AgNPs 则不再被钝化保护，这与图 8-31(a) 中 SERS 光谱(0days) 和 (60days) 的相对强度结果相符合。很显然，60 天后由于 AgNPs 开始逐步被氧化，复合基底的 SERS 增强效应也开始逐渐衰退。

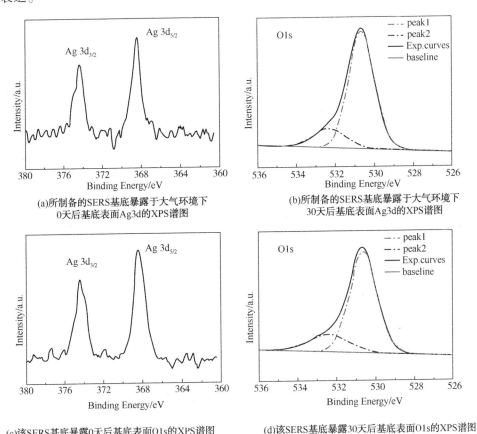

(a)所制备的SERS基底暴露于大气环境下0天后基底表面Ag3d的XPS谱图

(b)所制备的SERS基底暴露于大气环境下30天后基底表面Ag3d的XPS谱图

(c)该SERS基底暴露0天后基底表面O1s的XPS谱图

(d)该SERS基底暴露30天后基底表面O1s的XPS谱图

图 8-32　基底稳定特性

根据上述实验结果分析可得，复合 SERS 基本表面所沉积的 AgNPs 将一直处于有效保护状态，直至非化学计量比的 $WO_{2.72}$ 被彻底氧化成 WO_3。然而，3D 蒲公英状 $Ag/WO_{3-x}(0<x<0.28)$ 微纳米结构 SERS 基底其主体结构仍为 $WO_{2.72}$(仅表面部分为氧化态的 WO_3)。这些氧缺陷态的 $WO_{2.72}$ 支架有效地维持了 AgNPs 在存

储过程中的稳定性。

为了评估 3D 蒲公英状 Ag/WO$_{3-x}$（0<x<0.28）微纳米结构在水中的抗氧化和耐腐蚀性能，我们采用 UV-Vis 吸收光谱监控了不同浸渍时间内（0-28 天）试样的等离子体特性变化。实验中将预先合成的纯 AgNPs 均匀分散在水系中作为参考，其不同浸渍时间内的 UV-Vis 吸收光谱如图 8-33（a）所示。根据 UV-Vis 吸收光谱的分析可知，纯的 AgNPs 胶体在水系中极易被氧化，进而导致其 UV-Vis 吸收光谱快速衰退。然而，在 AgNPs 原位修饰于 3D 蒲公英状 WO$_{2.72}$ 刺球表面后，在不同的浸渍时间内所采集的 UV-Vis 吸收光谱均为一系列不变的曲线［如图 8-33（b）所示］。该结果表明 3D 蒲公英状 Ag/WO$_{3-x}$（0<x<0.28）微纳米结构表面所沉积的 AgNPs 并未被氧化，其在水系中的稳定性比 AgNPs 胶体更为稳定。实验结果清晰地表明所制备的 3D 蒲公英状 Ag/WO$_{3-x}$（0<x<0.28）微纳米结构 SERS 胶体在水系中展现出了较强的抗氧化和耐蚀性能，这些均受益于 WO$_{2.72}$ 模板支架的保护，其非化学计量比的 WO$_{2.72}$ 亚稳态支架将优先于 AgNPs 而被牺牲氧化，并生成性能更稳定的 WO$_3$。

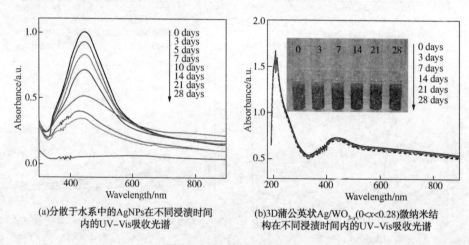

(a)分散于水系中的AgNPs在不同浸渍时间内的UV-Vis吸收光谱 (b)3D蒲公英状Ag/WO$_{3-x}$(0<x<0.28)微纳米结构在不同浸渍时间内的UV-Vis吸收光谱

图 8-33　基底抗氧化特性

注：插图为不同时间内的光学照片

8.4.8　果皮表面农残的实际检测

制备具有 SERS 活性的纳米颗粒胶体对于复杂样品表面待测物组分的实际分析具有非常重要的现实意义：①基于纳米颗粒的 SERS 活性胶体弥补了固相 SERS 基底分析检测过程中的缺陷和不足，如避免了待测物组分的分离、提取、纯化以及再分散等问题；②SERS 活性胶体灵敏度高，且能直接用来检测复杂样品表面痕量的待测物组分；③SERS 活性胶体适合于现场实时分析检测，便于实际应用。

福美双分子更易溶于非极性溶剂，采用萃取法可以很容易将其从果皮表面提取出来。与固相 SERS"芯片"基底相比，3D 蒲公英状 $Ag/WO_{3-x}(0<x<0.28)$ 微纳米结构 SERS 活性胶体在果皮表面展现出了独特的农残"萃取"过程以及高效的制样效率，其"制样-分析"流程及无损检测原理如图 8-34 所示。

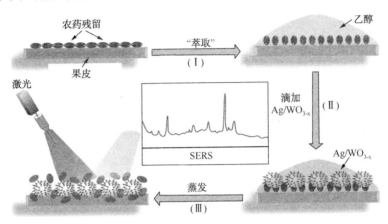

图 8-34 所制备的 3D 蒲公英状 $Ag/WO_{3-x}(0<x<0.28)$
SERS 活性胶体对农残的检测流程及检测原理示意图

将一滴无水乙醇滴加到加标的果皮表面，该过程促进了果皮表面农残分子的分离，增加了果皮表面待测农残分子的浓度。同时，这种简单和快速的"萃取"也提高了待测农残分子与活性纳米颗粒之间的相互作用。随后待无水乙醇自然挥发，将所制备的 SERS 活性胶体滴加于相同的位置。在液滴将要干燥时采用激光共聚焦拉曼光谱仪依次采集活性位点的拉曼光谱。

本研究工作中，配置好的 3D 蒲公英状 $Ag/WO_{3-x}(0<x<0.28)$ 微纳米结构 SERS 活性胶体也可用于快速灵敏地检测杨桃和脐橙表面的农残含量。在图 8-35(a) 和 8-35(b) 中曲线(I)均为在无任何农残的干净果皮表面所采集的拉曼光谱，图中位于 1157cm^{-1} 和 1500cm^{-1} 处的特征拉曼峰归属于果皮表面丰富的类胡萝卜素。图中的增强曲线Ⅲ(12.1ng·cm^{-2} 和 6.1ng·cm^{-2})分别为 3D 蒲公英状 $Ag/WO_{3-x}(0<x<0.28)$ SERS 活性胶体对杨桃和脐橙表面所残留的福美双分子的 SERS 分析。尽管果皮表面生物分子的荧光背景常常会干扰到农残分子的检测，但得益于所制备复合 SERS 活性胶体的荧光淬灭效应，在 SERS 分析检测过程中福美双的主要特征峰

均清晰可见。经分析计算可知，所制备的 SERS 活性胶体在杨桃和脐橙表面对福美双农残的检出含量分别为 12.1ng·cm^{-2} 和 6.1ng·cm^{-2}，该探测含量远低于福美双分子的最大允许残留量。

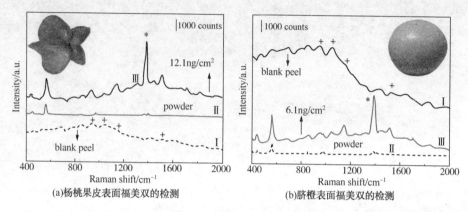

(a)杨桃果皮表面福美双的检测　　　　(b)脐橙表面福美双的检测

图 8-35　所制备的 3D 蒲公英状 Ag/WO$_{3-x}$(0<x<0.28)SERS 活性胶体对农残的检测

图 8-35 中曲线(Ⅱ)为福美双固体粉末的拉曼光谱图(常作为参照光谱)。如图 8-35 所示，果皮表面福美双的 SERS 光谱与福美双固体粉末的拉曼光谱存在着部分差异，如位于 1514cm^{-1} 处和 564cm^{-1} 处的特征拉曼散射。显然，位于 1514cm^{-1} 处的特征散射峰在 SERS 光谱中得到了极大的增强，而在福美双固体粉末的拉曼光谱图中却几乎消失殆尽。此外，与福美双的 SERS 光谱相比较，福美双固体粉末位于 564cm^{-1} 处的特征拉曼散射峰亦开始衰退。

分析结果表明，这些变化可能是由于激光的辐照作用和 3D 蒲公英状 Ag/WO$_{3-x}$(0<x<0.28)活性 SERS 胶体的催化效应使得福美双分子中的 S—S 键发生了断裂，并形成了两个二甲基硫代氨基甲酸酯碎片。而局部化学键的断裂和新碎片的出现常常会引发新的拉曼散射现象。

8.5　小　　结

本章提出了一种表面清洁的、可循环利用的 3D 微纳米 SERS 基底的构建方法。采用水热法合成了非化学计量比的蒲公英状 WO$_{2.72}$ 刺球，并利用其表面微弱的还原性实现了 AgNPs 的绿色、原位沉积，进而得到了表面清洁的 3D 蒲公英状

Ag/WO$_{3-x}$（0<x<0.28）微纳米结构 SERS 基底。研究结果表明，所制备的 SERS 基底界面清洁，能有效避免各种有机添加剂的拉曼干扰，极大地降级了检测背景，且对水体中的 MG 和农残具有较高的拉曼增强效应。此外，在可见光的辐照下，基底表面发生了光催化自清洁效应，使得该基底具备可循环利用的特性。由于 3D 微纳米结构的 Ag/WO$_{3-x}$（0<x<0.28）能够在水、乙醇等常规溶剂中均匀分散，且可以快速吸附到不规则的物体表面，因此，所制备的 Ag/WO$_{3-x}$（0<x<0.28）胶体可直接用于水果、蔬菜等复杂表面农药残留的原位检测，且具有较高的检测灵敏度和重现性，也进一步推动了 SERS 技术的实际应用。

虽然全书部分章节探讨了针尖状 Si 纳米线的形成机理，并成功地实现了几类不同维度的基底表面 Si 纳米针的高密度嫁接生长，但仍有需要改进和进一步深入研究的空间，主要包括以下几个方面：

（1）由于在 PECVD 生长条件下，催化剂 Au 将不断地消耗，进而诱导了 Si 针尖的生长，因此本文基于催化剂消耗的 VLS 机制构建了针尖状 Si 纳米线。我们推断 Si 针尖的构建方法具有普世性，该机理有望应用于其他类针尖型半导体纳米线的制备，例如针尖状 Ge 纳米线、针尖状 Si-Ge 核壳结构纳米线等等。

（2）在所制备的针尖状 Si 纳米线表面嫁接生长 Si 针尖或者 Ge 针尖，在先前的研究中我们发现 Si 针尖表面残留有部分催化剂金种子，在嫁接生长的过程中导致 VS 生长为主的径向生长，因此大多形成了 Si-Si 或者 Si-Ge 核壳结构。其中详细的机理有待进一步的分析与证实。

（3）AgNPs 修饰的仙人掌状 Ag 枝晶/Si 纳米针复合 SERS 基底以及 AgNPs 修饰的 ZnO/Si 纳米狼牙棒阵列结构，它们均具有大量高密度的 Si 纳米针，且 Si 纳米针表面原位负载有致密均匀的 AgNPs。考虑到 AgNPs 的抗菌性能，Si 纳米针较大的比较面积和锋利的尖端，探索复合 SERS 基底对细菌、病毒以及肿瘤细胞等的"快速捕获-SERS 原位检测-自清洁-再生检测"具有重要的研究价值。

（4）3D 微纳米结构的 Ag/WO$_{3-x}$（0<x<0.28）SERS 基底仅实现了几类代表性水果和蔬菜表面的福美双检测。详细的定量分析实验，以及其他多类农药残留的分析检测需要进一步补充研究。此外，所构建的仙人掌状复合 SERS 基底其循环使用特性需进一步优化提高。我们期望开发出自清洁效率更高、循环次使用次数更多的再生型 SERS 基底。

（5）充分利用 SERS 技术所具备的样品前处理简便、检测无损、成分辨识度高以及适宜水环境检测等优点，将 SERS 光谱分析方法与微流控芯片分析平台相结合，可实现高灵敏度的生化分析检测。其中，微流控 SERS 芯片设计及芯片上 SERS 增强基质的制备是构建微流控 SERS 芯片分析方法和系统的关键，也是提高检测灵敏度和可重复性的核心问题。

（6）SERS 技术作为一种非侵入性的检测技术，可以无损伤地提供丰富的分子结构特征和物质成分信息，从分子水平上反映癌变组织与正常组织之间的结构差异，有望为肿瘤的早期检测和诊断技术的应用研究提供新的参考依据。

9

基于LSPR/SPPs耦合增强机制的聚苯胺-贵金属复合SERS基底的构筑与应用研究

近年来，SERS 技术在各个领域的应用越来越广泛，该技术主要依赖于分析物与等离子体纳米结构表面之间的相互作用，因此在使用这项技术时，能够获取价格低廉并可多次重复利用的基底是一项非常重要且具有挑战性的任务。在众多的基底设计中，高分子-贵金属复合 SERS 基底因其 LSPR/SPPs 耦合增强机制和"热点"效应，且在 SERS 分析检测中具有更高的检测灵敏度而受到人们的青睐。本章围绕聚苯胺-贵金属复合 SERS 基底的制备，探索其 LSPR/SPPs 耦合增强机制并拓展其实际应用。

① 利用聚苯胺(PANI)自身的还原性将硝酸银溶液中的 Ag⁺还原成为 Ag 单质，使 Ag 单质吸附在 PANI 的表面形成 Ag/PANI 纳米复合材料，从而直接、简便获得一种形貌可控且性能稳定的 SERS 增强基底。②分析探讨 Ag 质量分数不同的情况下 PANI 表面 Ag 纳米粒子的覆盖情况以及 Ag 纳米粒子的覆盖对所制得的 SERS 基底耦合增强性能的影响。③从理论上系统分析贵金属纳米结构的表面等离子体模式以及相应的局域场增强效应，探讨 LSPR 与 SPPs 等离子体模式之间的耦合效应对 SERS 基底增强性能的影响。④以最佳优化条件制得的 Ag/PANI 复合材料作为拉曼增强基底，实现 CV 染剂和苏丹红Ⅲ的拉曼增强检测，拓展复合 SERS 基底的实际应用。⑤利用 LSPR 与 SPPs 之间的表面等离子体耦合机制，提出 Ag 枝晶-PANI-Ag 纳米粒子(或者 Ag 膜)的周期性阵列结构设计准则、构筑方式及可控化方案；利用离散偶极子近似方法，深入分析周期阵结构的表面等离子体性能及相应的增强场分布。

9.1 引　言

我国作为一个法治社会，禁毒一直是法治宣传的重点话题。然而，随着科技的发展与进步，犯罪分子对毒品的伪装技术也越来越高超，如何能够迅速有效地检测出伪装在日常生活用品以及食物之中的毒品，打击违法犯罪行为，保障广大人民的人身安全成为人们关注的焦点。拉曼光谱(Raman spectra)技术是分析化学领域常用的一种分析检测技术，这项技术操作简便，且能快速高效地识别可疑组分，对毒品的检测与传播抑制有着重大的帮助。

虽然拉曼光谱分析技术已经得到了广泛的应用，但是在使用这项技术的同时该技术的一些缺点也逐渐暴露了出来，其中至关重要的一点便是，当我们使用拉曼光谱技术在对某些物质进行分析时，分析物产生的拉曼信号太弱或是无法检测到分析物所产生的拉曼信号就会导致分析工作不能继续进行。为了获得较强的拉曼信号从而得到完整的拉曼谱图，科学家们对这个问题进行了研究并发现了一种强度更高、分辨率更好、更加容易操作的光谱技术即表面增强拉曼散射(Surface-enhanced Raman Scattering，SERS)技术，因为这项技术可以展示单个分子的指纹振动信息，在后来的研究中就被广泛地应用于检测金属表面的超灵敏和极低浓度分析物(化学和生物)分子。

在使用 SERS 技术的时候，活性 SERS 基底的制备是一项非常重要的任务，因为 SERS 技术在很大程度上依赖于吸附分子(分析物)和等离子体纳米结构表面(例如 Ag 纳米结构的底物)之间的相互作用。目前，应用比较广泛的基底设计主要包括多孔基底，金属纳米颗粒薄膜，以及金属和双金属纳米结构。其中，高分子-贵金属复合基底由于其"热点"效应，及较高的检测灵敏度而受到人们的重视。对于 SERS 技术的应用而言，制备成本较低且易于重复使用的基底也是一项重要且极具挑战性的任务。

Au、Ag、Pt 等贵金属纳米粒子在医疗，光学和电子器件以及催化剂等多个领域的应用上都有较好的前景并因此受到人们的重视，它们所具有的特性在很大程度上取决于它们的尺寸、表面结构和成分。其中 Au 和 Ag 纳米颗粒由于其具有独特的局部表面等离子共振性质，可作为高灵敏度和高活性的 SERS 基底。

如今，高分子-贵金属纳米复合材料由于其优异的物理和化学性质以及在催化、电子器件等领域的应用的可能性而受到极大关注。在导电聚合物中，由于聚合物链中存在许多氨基和亚氨基，PANI 对于掺入金属的纳米结构非常重要。PANI 的另一个优点在于其还原电位相对高于普通贵金属，这导致其在室温下容易形成金属纳米颗粒。PANI 本身在纳米颗粒形成期间既作为黏合剂又作为还原剂，起着双重作用。

本章拟开展贵金属纳米结构的表面等离子体特性研究，全面考察局域表面等离子体共振(LSPR)和表面等离子体激元(SPPs)及其激发条件、光学特性、色散关系等；探索 SERS 基底的物理增强机制，探究 LSPR 与 SPPs 之间的表面等离子体耦合现象与 SERS 增强效应的关系。

在本章中，通过化学氧化法在 PANI 上装饰 Ag 来简单直接的获得一种形貌可控、重复性高且增强信号好的 SERS 表面增强基底，因此本章中我们所要进行的实验内容主要包括以下几个方面：首先通过化学氧化聚合法制备 PANI，然后利用 PANI 的还原性与硝酸银发生反应制成 Ag/PANI 纳米复合材料，随后分别利用 SEM、XRD 以及 FT-IR 对所制得的 Ag/PANI 纳米基底进行了表面形貌的观察与表征以及化学组成的分析，最后结合所制备的复合 SERS 基底与便携式拉曼光谱仪，实现危害或可疑组分的高灵敏检测。

9.1.1　拉曼光谱概述

1928 年，印度物理学家 C. V. Raman[192]偶然发现了光的非弹性散射效应，后来人们便将此称为拉曼效应。事实上，当一束单色光照射在透明试样上时会产生很多过程，如吸收、折射、衍射、反射及散射等[193]。与拉曼光谱有关的是被试样分子散射的情况。发生散射时总会有一部分光的波长会发生改变，同时颜色也产生相应的变化。我们将这些波长与颜色发生变化的光收集起来，用拉曼光谱仪进行检测，根据得到的拉曼光谱信息就可以进一步分析得到这些分子的结构信息[194]。

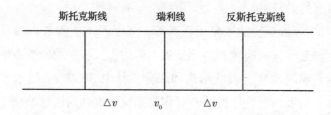

图 9-1　拉曼光谱中斯托克斯线与反斯托克斯线示意

简单的拉曼光谱通常如图 9-1 所示，位于瑞利散射线两侧的斯托克斯线与反斯托克斯线呈对称分布，根据玻尔兹曼分布可知，常温下大部分的分子都处于基态，只有少数分子处于激发态，因此对反斯托克斯线的观察比斯托克斯线难得多。而所有相对于 v_0 的位移都与分子的振动能级有关。可见拉曼光谱观测的是相对于入射光频率的位移。因而所用激发光的波长不同，所测得的拉曼位移是不变的，只是强度不同而已。拉曼光谱是以拉曼位移为横坐标，谱带强度为纵坐标作图而得到。

9.1.2　拉曼光谱仪的结构

拉曼光谱仪的组成结构大致包括以下几个部分（如图 9-2 所示）：

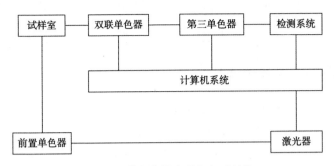

图 9-2　激光拉曼光谱仪组成结构

① 激光器：拉曼光谱仪是利用仪器所发射的激光与待测组分之间产生的共振效应来提高拉曼散射的强度进而达到检测的目的，为了满足共振所需的条件使仪器发出的激光与被测物质产生共振效应，可以选择与待测物质的吸收光谱相匹配的激发线波长来进行检测，从而获得较高的拉曼检测信号。

② 试样室：把激发光用透镜聚焦在待测物质上，激发光会被待测试样散射，散射光在试样室内由中心带小孔的抛物面收集。

③ 单色器：从试样室收集的拉曼散射光通过入射狭缝进入单色器进行衍射分光。

④ 检测器：读出所储存的电信号并进行信息处理。

9.1.3　拉曼光谱的优点及缺点

拉曼光谱的应用涵盖了许多领域和学科，通常在进行检测时有必要同时测定拉曼光谱和红外光谱，这两种技术是相互补充的。但是与红外光谱相比，拉曼光谱还有一些长处[195,196]：

第一，采用共振拉曼效应对具有生色基团的化合物的研究有显著的优越性；

第二，拉曼光谱在检测的时候不会受到水分的干扰；

第三，拉曼检测对被检测样品的形态和用量的要求都不高且待测样品不需要复杂的预处理流程；

第四，拉曼光谱有较宽的测定范围（$4000 \sim 40\mathrm{cm}^{-1}$），且可从同一仪器、同一试样室中测得，可在短时间内获得更多的信息；

第五，拉曼光谱振动叠加效应较小，谱带较为清晰，易于进行去偏振度测量，以确定振动的对称性，因此比较容易确定谱带的归属。

总之，拉曼光谱是一种快速、方便的无损检测方法。但是灵敏度较低，信号强度弱，且易受荧光干扰等缺点也大大地限制了拉曼光谱的推广与应用，为了解决上述问题，研究人员开展了大量探索研究，表面增强拉曼散射应运而生。

9.1.4 表面增强拉曼光谱概述

1974 年，Fleischman[196]等人在表面粗糙的 Ag 电极上第一次检测到了明显增强的拉曼信号，经过大量的分析表明，这种增强光谱与表面的粗糙程度密切相关，后来人们将其称为表面增强拉曼散射效应（Surface-enhanced Raman Scattering)，简称 SERS。

经过科学家们反复的实验证明，使用 SERS 技术进行检测时能否获得信号较强的光谱的重要影响因素就是活性基底，因此，自 SERS 现象被发现开始人们就一直在寻找可以获得良好 SERS 增强效果的基底。目前用于制备 SERS 基底最常用的金属材料是 Au、Ag 和 Cu[197,198]，与它们相匹配的激发光波长在可见光区域。在后来的研究中人们发现 Fe、Ni、Co、Rh、Pt、Pb 等过渡金属材料也可以用于制备 SERS 基底[199,200]，这样一来，SERS 技术的应用范围得到了极大的扩展，这一发现也为人们深入理解 SERS 增强机制提供了有力线索。

虽然 SERS 从被发现至今已经将近 50 年了，有很多的学者都对其进行过研究，但一直没有一个被人们所认可的科学的定论可以解释它的增强机理[201-203]。目前在国际上认可度较高的主要有物理模型与化学模型两种解释。

（1）电磁增强机制（物理模型）

物理增强是建立在电磁增强模型基础上的一种理论，它是一种表示金属表面和入射光之间所发生的相互作用的物理模型，也称为表面等离子体共振模型[204,205]，该理论认为金属椭球表面上的吸附分子与入射和散射场相互作用产生了偶极矩。当条件满足时，振动频率可以和表面等离子体发生共振效应，局部电磁场强度会明显增加，使得分子的散射强度大大增强，其模型如图 9-3 所示。

在众多的 SERS 的增强理论中，物理模型不仅可以合理地解释许多相关的现象，而且人们对其研究的也比较通透。但是，由于物理模型是以具有一定形状的孤立粒子作为

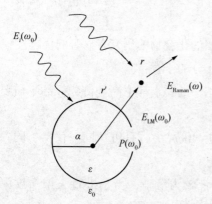

图 9-3 金属颗粒的 SERS 示意图[205]

理论模型，而实际情况却并非这样，因此科学家们开始探究其他更加有说服力的理论。

（2）化学增强机制（化学模型）

化学模型与物理增强理论具有明显的差别，化学增强主要来源于由激发光的光子、基底材料的表面以及分子三者相互作用而产生的类共振增强现象。在化学增强机理的一系列理论中电荷转移（Charge Transfer，CT）模型最为引人注目[206]。

该理论认为，激发光可以诱导原子和吸附分子在金属基底表面上发生反应所形成的表面化合物产生新的激发态。当激发光的频率接近或等于试样电子吸收谱带的频率时，入射激光可以与电子耦合而处于共振状态。这种共振现象可以使系统的极化率增加从而增强拉曼信号[207]。理论上，化学增强因子可达到 10^3，且具有特别高的分子特定性[208]。

（3）LSPR/SPPs 耦合增强机制

20 世纪 60 年代，E. A. Stren 首次提出了表面等离子体（Surface Plasmons，SPs）的概念。随后，这种位于金属与介质分界面处的电子集体振荡行为引起了全世界科学家广泛的关注。随着对 SPs 研究的不断深入，科学家们又引入了表面等离激元（Surface Plasmon Polaritons，SPPs）作为表面等离子体的最小能量单位。通常 SPs 以传播型、局域型两种形式存在。由于金属的趋肤效应，激烈振荡的自由电子仅存在于金属表层约 0.1nm 的范围内，而其伴随的电磁场在金属中的纵深则高达几十纳米。

当金属未受激发时，金属和介质界面处的自由电子仅表现为无序振动状态（热运动）。当金属被激发时，其电子密度波将呈规律性分布并沿界面传播开。然而，同一振荡频率下的 SPs 通常具有比光更大的传播矢量，因此，自由传播的光电场难以直接在金属表面激发出横向传播的表面等离子体。

目前，已有部分研究报道了 SPs 的光电调制机理。但是在纳微米尺度上能高效调控光的传播与散射的基底与器件依然尤为缺乏。重要的是，SPs 的光电调制与表面增强拉曼散射基底和电磁增强效应密切相关。过去，SERS 领域的研究主要集中于 SERS 基底的构建与应用，而基底与光学器件、激光之间的光电调制往往被忽略，这导致 SERS 基底的增强原理和结构发掘迟滞。基于此，以表面等离子体共振为主要模型，研究 SPs 的近场、远场行为是解决 SERS 基底灵敏度不够高、重现性不够强、可靠性差的关键。为了突破这一限制，激发并调制 SPs，科学家们探讨并引入了一些特殊的结构，发展了棱镜耦合、光栅耦合、波导耦合等多种波矢匹配的方法。通常，SPs 的激发模式主要为局域表面等离子体共振(Lo-calized Surface Plasmon Resonance，LSPR)和 SPPs。目前，大多数 SERS 基底主要是基于 LSPR 激发所引起的信号增强。而 LSPR 激发一直被认为是局域电磁场增强的主要来源，亦是 SERS 基底使其表面探针分子拉曼信号大大增强的重要机理之一。因此，为了获得更高的 SERS 增强因子(EF)，探索并研究不同形貌贵金属颗粒的 SPs 性能就显得尤为重要。

此外，伴随着纳米科技的发展，SPPs 激发模式也逐渐成为表面等离子体光子学、SERS 增强基底以及新型光电调制材料的重要研究对象，并被广泛应用于纳米光子学、SERS 分析、生物传感等领域。然而，与高度局域性的 LSPR 模式不同，SPPs 是可沿金属与电介质界面传播的一种非局域形式的电子疏密波，其电场强度在垂直于金属表面的两个方向上，且随距离的增加呈指数衰减趋势。

最近的研究表明，通过光栅耦合的方式激发 SPPs 模式的金属纳米结构，其光栅亦可作为纳米颗粒激发 LSPR 模式。这种可同时激发 SPPs 与 LSPR 模式的金属纳米结构被称为 LSPR/SPPs 结构，且受到了研究人员的广泛青睐。分析结果发现，LSPR 与 SPPs 之间存在着强烈的相互耦合作用。令人惊奇的是，这种耦合现象的出现能显著提高并增强各种光电转换效率，例如更高效的局域电场增强、更完美的吸收、增强的荧光激发以及在某方向上增强的光学透射性能等等。

Holland 等人研究了 Ag 膜表面随机排列 Ag 纳米颗粒(AgNPs)的光学性能。被 Ag 膜承载后，AgNPs 的 LSPR 频率发生了显著的红移现象(来源于 Ag 膜与 Ag-NPs 之间的相互作用)。Jean Cesario 等人分别从理论上和实验上获得了纳米圆盘-ITO-Au 膜结构的消光谱。值得注意的是该消光谱中存在多个消光峰。通过消光峰的色散关系以及与纳米圆盘阵列的周期变化关系，可证实 SPPs 激发的存在。

近来，基于金银纳米颗粒阵列/介电层/金属膜的复合结构逐渐成为探究 LSPR/SPPs 耦合效应的主要对象。理论研究表明，LSPR 与 SPPs 的共振频率相等时，两者会产生强烈耦合效应。因此，研究人员可通过调节金属纳米颗粒的几何参数或金银纳米颗粒阵列的周期，使得 LSPR 与 SPPs 的共振频率一致，进而实现两者之间的强烈耦合。同时，研究人员亦可根据实际需求设计并调控金银纳米颗粒的形貌以便获得光电增强特性更优的 SERS 基底。例如，研究人员利用时域有限差分法(FDTD)获得了 Au 纳米圆盘-SiO_2-Au 膜在不同波长下侧面上的场增强因子图谱。该图谱中存在 LSPR/SPPs 未发生耦合的部分和发生强烈耦合的部分。很显然，LSPR 与 SPPs 二者之间的耦合作用能大大提高场增强因子，带来更高效的 SERS 场增强。其中，LSPR 的振频率主要取决于 Au 纳米圆盘的尺寸，而 SPPs 的共振位置则主要有 Au 纳米圆盘阵列的周期来决定。

显然，LSPR 与 SPPs 耦合效应是周期性阵列 SERS 基底实现对电磁波操控的最主要手段之一。为了获得高效、可控、稳定的 SERS 基底，实现更高效的 SERS 增强，新的研究热点应围绕 LSPR 电磁场增强理论和 SERS 基底的构建开展工作，从理论上探究 LSPR 与 SPPs 的激发条件，色散关系及其光学特点；着重分析 LSPR/SPPs 表面等离子体耦合效应，揭示 LSPR/SPPs 耦合效应提高 SERS 基底增强性能的规律；进一步提出复合结构、复合 SERS 基底设计准则、构筑方式及可控化方案，实现双带的局域电场增强；并利用离散偶极子近似方法探究周期性阵列 SERS 基底等离子体共振特性以及相应的近场分布，模拟计算周期性阵列 SERS 基底的光学性能并证明其有效性，为 SERS 基底的构建与电磁增强机理的发展提供新思路。

随着研究的不断深入，目前已涌现出其他的理论例如量子理论等，但是直到现在还没有一个理论可以完整的解释所有的增强现象。一般认为，SERS 的高增强因子是由电磁增强和化学增强的共同作用而产生的，并且基底的结构、微观形貌以及 LSPR/SPPs 耦合增强效应在这一过程中对 SERS 基底的整体增强特性具有显著的影响。

LSPR 与 SPPs 模式是金属纳米结构实现对电磁波操控的主要手段。表面等离子体耦合效应是获得显著电磁场增强效果的主要来源。随着纳米制造工艺技术的发展，研究人员已经可加工出各种形貌的贵金属纳米结构。但是利用数值计算方法去模拟贵金属微纳米结构的光学性质仍占了很大比重。研究人员通常需要提前对其结构参数及其相应的光学性能进行预测与计算。

9.1.5 高热点 SERS 基底总体研究进展

具有特定"热点"的活性基底产生的"热点"效应可以在 SERS 检测过程中有效吸附分析物分子，因此具有良好的信号增强效果，良好的稳定性，并且重复性强的基底体系是获得良好 SERS 信号的关键所在。因此人们投入了大量的时间和精力用于 SERS 基底的研究，并且已经取得了很大的进展。现在很多科学领域的研究中都可以看到 SERS 技术的踪影，并且人们已经逐渐掌握了 SERS 基底的制备方法，SERS 技术的潜在的价值已经逐渐显露并将迅速发展。

常见的 SERS 活性基底主要是位于第八副族中的金、银、铜、铁、钴、铂和其他元素，后来，人们还发现一些半导体材料例如 ZnO、CuO 等可以作为 SERS 基底[209]。实验表明，要想获得良好的 SERS 增强信号，基底必须具有纳米级别的粗糙程度。而且检测信号与基底有很大的关系，同一种物质用某种基底增强效果非常好，但是若使用另一种基底就可能不会获得较好的效果；同一种基底对不同的探针分子增强效应可能是不同的，这就要求必须采用简单的方法制备出具有良好的重复性的活性基底。目前，常用的基底主要包括金属溶胶、金属导膜、粗糙金属电极、周期性纳米结构表面的金属膜和半导体材料。

SERS 技术具有广阔的应用前景，相信关于 SERS 基底的进一步研究将会使 SERS 技术在未来的生活中发挥出更大的作用。

9.1.6 导电高分子 PANI 概述

1978 年，美国化学家 A. G. MacDiarmid 和 A. J. Heeger 等在实验中发现当 I_2 与聚乙炔(PA)在室温的条件下发生掺杂后，I_2 的电导率由 10^{-9} S/cm(呈绝缘体)提高到了 10^3 S/cm(呈导体)。这一伟大的发现改变了人们心目中聚合物不具有导电性的传统观念，以 PANI 为典型的本征态聚合物应运而生。PANI 有很多特性，例如特殊的导电性和光电性质等，并且只需要使用一些廉价易得的原料就可以简单方便的合成 PANI，因此 PANI 是人们高度关注的一种材料，科学家们在这个方面也取得了很多的研究成果。

氧化单元与还原单元两个不同的部分构成了 PANI 分子。在已经得到公众认可的 PANI 结构式是在 1987 年由 MacDiarmid 提出的，其中用 y 值来表征 PANI 的氧化还原程度[210]。在 $y=1$ 的情况下，它是完全还原的全苯式结构，$y=0$ 是"苯-醌"交替结构，并且这两种状态下的 PANI 都是绝缘体。当 $y=0.5$ 时，PANI 是苯醌比为 3∶1 的半氧化和还原结构，即本征态。本征态和掺杂态的 PANI 分子结构式如图 9-4 所示。

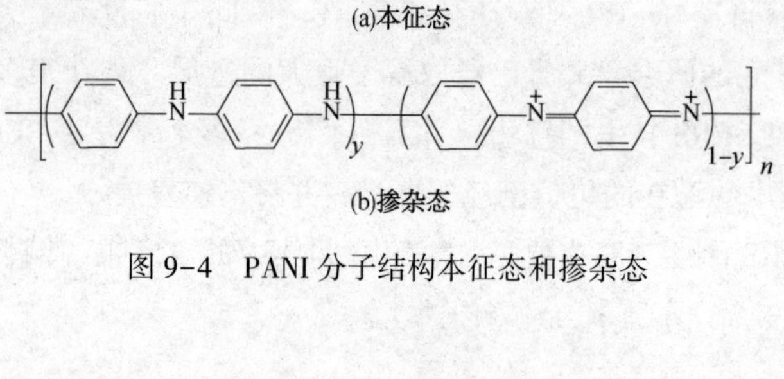

(a)本征态

(b)掺杂态

图 9-4　PANI 分子结构本征态和掺杂态

在 PANI 的三种状态中，只有处于中间氧化态的 PANI($y=0.5$)可以通过各种方法进行掺杂后由非导电状态转化为导电状态。而 PANI 的掺杂仅通过简单的酸碱中和反应即可完成，且 PANI 本身并不发生氧化还原反应。PANI 在经过质子酸的掺杂后会有明显的颜色变化，从蓝色变为深绿色。因此，人们在科学研究的过程中会重点关注 PANI 的中间氧化态。

9.1.7 PANI/贵金属复合材料的研究现状

通过将 PANI 与贵金属纳米粒子进行复合的方法可以有效地提高和改善 PANI 的物理性能和化学性能。同时，贵金属材料与导电 PANI 相结合后制成的材料性能更加全面和优越[211]，因此，PANI/贵金属纳米复合材料已成为科学家关注和研究的重要内容[212]。

（1）PANI/贵金属复合材料的合成方法

PANI 在具有导电性的同时还具有一定的还原性，其还原电位是 0.7~0.75V，那么根据化学氧化还原反应条件，只要 PANI 的还原电位低于某种金属的还原电位，那么这种金属的盐溶液理论上就可以被 PANI 还原。而常见的贵金属 Ag、Au 等还原电位均高于 PANI 的。

（2）PANI/贵金属复合材料的应用

具有独特的电化学与化学性质的 PANI-贵金属复合材料在生物领域的应用非常的广泛。Granot 等[213]在研究抗坏血酸(维生素 C)等物质的电化学氧化性及催化活性时制作并应用了平面的膜状 PANI-金复合材料，这个实验的结果表明该复合材料对抗坏血酸(维生素 C)的电化学氧化的催化活性影响很大，由于金纳米粒子促进了电荷的转移，复合材料对抗坏血酸(维生素 C)的电化学氧化的催化活性几乎是纯 PANI 的 3 倍以上。

PANI-金纳米复合材料中，PANI 可以促进电荷传输，从而提高了灵敏度。Athawale[214]等采用电阻检测法，经研究表明 Ag/PANI 复合纳米粒子对 NH_3 的响应呈线性关系，这种气敏传感器与响应参数和浓度在一定的浓度范围内表现出线性相关，该气敏传感器仅仅需要数分钟就可以响应，线性范围包括 60~600μmol/L，检测的下限最低可以达到 6.0μmol/L，而且具有良好的稳定性和检测灵敏度。

PANI/贵金属复合材料是一种新型的有机无机复合材料，由于其同时结合了高分子和贵金属的性质，所以具有很大的应用价值及潜在价值。但它也有一些缺点限制了其商业应用，如 PANI 的溶解性问题、电导率问题、机械加工问题等，相信在这些问题解决后，该复合材料的应用将得到进一步推广。

9.2　实验所需试剂及仪器

实验中所用到的主要化学试剂包含硝酸银($AgNO_3$，分析纯)、苯胺(C_6H_7N，分析纯)、过硫酸铵(APS，分析纯)、盐酸(HCl，分析纯)、无水乙醇(CH_3CH_2OH，分析纯)等。实验中所涉及的主要仪器设备包含集热式恒温加热磁力搅拌器、超声波清洗器、电热真空干燥箱、X射线衍射仪、场发射扫描电子显微镜、共聚焦显微拉曼光谱仪等等。

9.3　实验材料制备

本章以APS为氧化剂，在酸性条件下运用化学氧化法制备PANI，然后利用PANI自身的还原性与硝酸银发生氧化还原反应，生成的单质Ag吸附在PANI的表面，形成Ag/PANI纳米复合材料。系统研究了硝酸银浓度对所制得的SERS基底性能的影响，优化了反应的工艺参数，在优化条件下制得的Ag/PANI可直接作为拉曼增强基底，初步探索了其实际应用。

9.4　材料的测试表征

9.4.1　扫描电子显微镜分析

扫描电子显微镜(Scanning Electronic Microscope，SEM)是观察样品的表面形貌、样品表面成分分布情况最常用且方便有效的检测手段。本章在实验过程中所使用的S-4800场发射扫描电子显微镜，其加速电压为10kV。将少量固体粉末分散在无水乙醇中，超声30min，取1~3滴滴于铝箔上，待测。

9.4.2　X射线衍射分析(XRD)

X射线粉末晶体衍射(X-ray diffraction，XRD)是一种应用广泛的检测技术，通过测试衍射谱图，可以被用来确认材料的物相是什么，确定物相有多少。本章在实验过程中所使用的 RIGAKU D/Max-2550 PC 型 X 射线衍射仪，测试条件：铜靶（λ = 0.154nm），扫描电压 40kV，电流 200mA，扫描范围 5°~90°，固体粉末。

9.4.3 傅里叶变换红外光谱分析（FT-IR）

傅里叶变换红外光谱仪（Fourier transform infrared spectrophotometer，FT-IR）是一种分辨率极高，扫描速率极快的分析聚合物的结构时常会用到的手段，可以被用来进行定性分析以及鉴别聚合物的种类等。本章在实验过程中所使用 Thermo Electron Nicolet 8700 型傅里叶红外光谱仪，测试条件：扫描次数 32 次，分辨率 4cm^{-1}，溴化钾固体粉末压片。

9.4.4 表面增强拉曼散射（SERS）光谱测试

拉曼光谱（Raman spectroscopy）是一种散射光谱，通过对入射光频率不同的散射光谱进行分析可以得到分子振动、转动方面的信息，进而可以分析分子的结构。但是一些化学物质无法直接通过拉曼光谱检测出信号，就需要通过拉曼增强技术来提高拉曼信号的信噪比，从而检测出待检物质的拉曼信号。本章在实验过程中所使用的 Thermo Fisher DXR-780 nm Laser 拉曼光谱仪，激发波长为 780nm，激光功率为 10mW，累计时间 5s，光谱范围 2000~100cm^{-1}。

9.5 Ag/PANI 纳米复合材料的制备

以 APS 作为氧化剂在酸性条件下制备 PANI，可获得具有较高稳定性的 PANI。这一反应过程中主要的影响因素包括介质酸的种类、氧化剂的种类以及各物质的浓度、反应所处环境的温度和总的反应时间等。根据文献可知，在酸性介质中对苯胺进行聚合可以生成 PANI，其中，在 HNO$_3$ 和 CH$_3$COOH 存在的体系中反应得到的是不能导电的 PANI；在 HCl、H$_2$SO$_4$ 和 HClO$_4$ 存在的体系中反应得到的是具有较高电导率的 PANI。但是不具有挥发性的酸，例如 H$_2$SO$_4$ 和 HClO$_4$ 在反应结束后会残留在产物的表面，进而影响产品的质量，因此常用 HCl 作为介质酸。APS 由于不含有金属离子而且后处理简单方便，又具有较强的氧化能力，是进行实验首选的氧化剂。在整个反应过程中，氧化剂用量过多或者加入氧化剂的速度过快都会导致体系中的活性中心数量相对较多，这对于要生成高分子量的PANI来说是非常不利的，并且还会增加PANI的过氧化程度使得生成的聚合物的电导率降低。

9.5.1　苯胺预处理

安装好减压蒸馏装置，将100mL苯胺加入圆底烧瓶中，放入一枚磁力搅拌子，开启真空泵抽真空并调节油浴锅到合适的加热温度及搅拌速度，使烧瓶中产生均匀的气泡，收集105~115℃之间馏分，蒸至瓶内有少量液体剩余时，缓缓关闭真空泵，停止加热，将所得的无色透明液体转移到棕色瓶中，低温保存。

9.5.2　PANI 的合成

在冰水浴条件下，将HCl($1mol \cdot L^{-1}$，50mL)溶于100mL去离子水中，加入1mL经过蒸馏提纯的苯胺，搅拌5min后将APS($1mol \cdot L^{-1}$，50mL)溶液于30min之内缓慢滴加到混合物体系中。保持苯胺与APS的物质的量之比为1:1，连续搅拌10h。观察到溶液的颜色由无色变为土黄色，蓝色，最后得到墨绿色产物，经布氏漏斗抽滤后用水和乙醇分别洗涤数次，以便从反应混合物中除去低聚物和过量的APS。最后，将所得到的固体放入真空干燥箱中60℃干燥12h，研磨后得到墨绿色的粉末即为PANI。

9.5.3　Ag/PANI 纳米复合材料的制备

探究不同硝酸银浓度对所制得SERS基底性能的影响：在室温(25℃)下，将400mg量的PANI分散在装有磁力搅拌器的单口烧瓶中的200mL去离子水中。按照Ag的质量分数分别为5%、10%、15%、20%、25%加入适量$AgNO_3$(0.033g、0.066g、0.099g、0.132g、0.165g)，超声10min后将所得混合物于室温下避光搅拌10h。然后进行抽滤，并用去离子水洗涤滤饼以从PANI的表面除去未反应的$AgNO_3$。收集滤饼于真空烘箱中干燥4h，得到目标产物Ag/PANI纳米复合材料，呈黑色粉末状。

9.6 实验结论与分析

9.6.1 Ag/PANI 纳米复合材料的结构

图 9-5 中(a)(b)分别是 Ag 含量为 5% 的 PANI/Ag 样品和 Ag 含量为 25% 的 PANI/Ag 样品的 SEM 图。由图所提供的信息可以看出,Ag/PANI 纳米复合物呈颗粒状、类球形结构,纳米粒子的粒径较为均匀,Ag 粒子分布在 PANI 基体上。在较高浓度的 $AgNO_3$ 溶液中发生反应的 PANI 表面 Ag 粒子的密度更高和分散情况更好,然而,生成的纳米复合物粒径不受 $AgNO_3$ 浓度的影响。显然,随着 Ag 粒子数量和密度的提高,该纳米复合物的 SERS 增强性能以及检测能力也会有所提高。

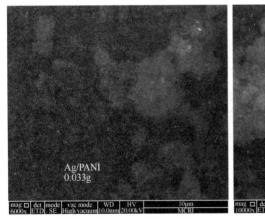

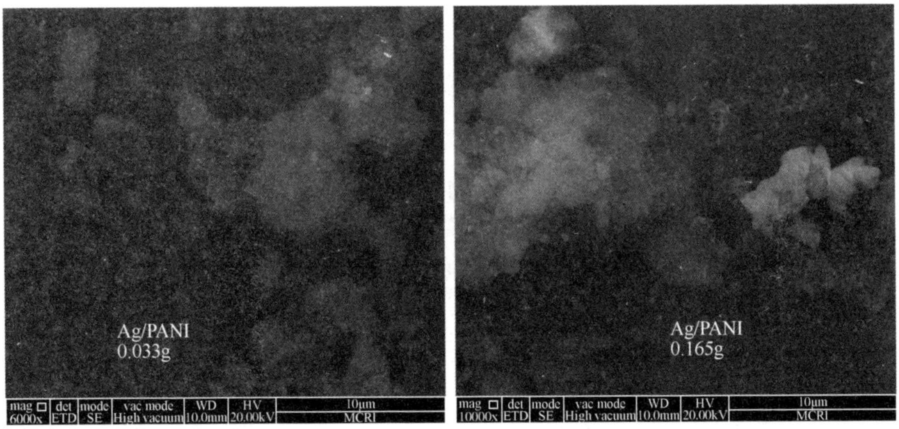

(a)Ag含量为5%的PANI/Ag样品SEM图   (b)Ag含量为25%的PANI/Ag样品SEM图

图 9-5 Ag/PANI 纳米复合材料的 SEM 分析

9.6.2 Ag/PANI 纳米复合材料的 XRD 检测

图 9-6 从上到下依次是纯 PANI、Ag 质量分数为 5% 的 Ag/PANI、Ag 质量分数为 25% 的 Ag/PANI 的 X 射线衍射图,通过比较 PANI 和 Ag/PANI 的 XRD 谱图可以发现,这两种物质在 $2\theta = 24.1°$ 处都存在特征衍射峰,这一处的峰归属于 PANI 聚合物链。而 Ag/PANI 中 38.1°、44.3°、64.3° 和 77.4° 处出现的衍射峰归

属于 Ag 纳米粒子。这些数据表明 PANI 和 Ag 纳米粒子的存在。虽然 Ag 的质量分数为 25% 的 Ag/PANI 纳米复合物的出峰状况不好，但 Ag 纳米粒子 XRD 峰的出现表明本制备方法具有一定的可行性。

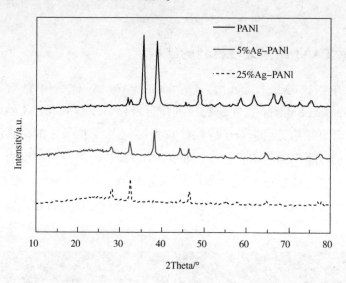

图 9-6　纯 PANI 以及不同 Ag 含量的 Ag/PANI 复合材料的 XRD 图谱

9.6.3　Ag/PANI 纳米复合材料的 FT-IR 检测

图 9-7 和 9-8 是纯 PANI 以及 Ag 质量分数不同的 Ag/PANI 复合材料的 FT-IR 图谱。表 9-1 列出了红外光谱中各个特征峰的归属。从上述图表所提供的信息可以看出，Ag/PANI 复合材料的红外谱图吸收峰与纯的 PANI 的红外吸收峰基本一致，说明在 PANI 上负载 Ag 并不会改变 PANI 的结构，两者之间没有新的化学键生成。图中纯 PANI 的吸收峰 $3434.2 cm^{-1}$、$1596.6 cm^{-1}$、$1509.5 cm^{-1}$、$1356.9 cm^{-1}$、$1143.0 cm^{-1}$ 和 $858.5 cm^{-1}$ 分别归属于 PANI 分子结构中的 N—H 伸缩振动、醌式结构 C =C 伸缩振动、苯环上 C =C 伸缩振动、C—N 伸缩振动、C—H 面内弯曲振动和 C—H 面外弯曲振动。与纯 PANI 红外谱图相比，复合材料的红外特征峰向低频方向移动，例如，醌环和苯环的 C =C 伸缩振动峰分别移至 $1589.6 cm^{-1}$ 和 $1503.1 cm^{-1}$，同时 Ag/PANI 复合材料红外谱图中醌环 C =C 伸缩振动峰的强度明显降低。这是由于 Ag 和 PANI 分子间所发生的强烈的 π-π 共轭作用所导致的。

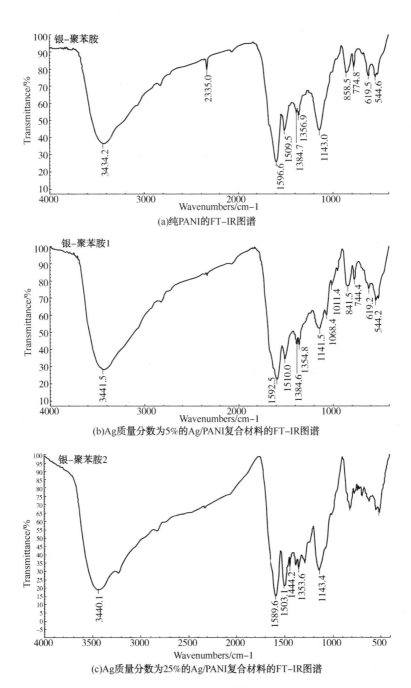

(a)纯PANI的FT-IR图谱

(b)Ag质量分数为5%的Ag/PANI复合材料的FT-IR图谱

(c)Ag质量分数为25%的Ag/PANI复合材料的FT-IR图谱

图9-7 红外光谱分析

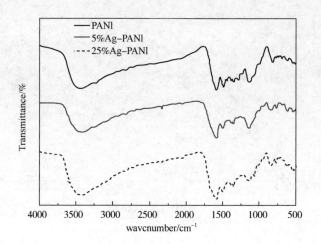

图 9-8　不同 Ag 含量/PANI 复合材料的 FT-IR 图谱

表 9-1　PANI 和 Ag/PANI 复合材料红外光谱特征峰归属

特征峰归属	PANI	银质量分数为 5% 的 Ag/PANI 光普区域/cm⁻¹	银质量分数为 25% 的 Ag/PANI
N—H 伸缩振动	3434.2	3441.5	3440.1
C=C 伸缩振动(醌环)	1596.6	1592.5	1589.6
C=C 伸缩振动(苯环)	1509.5	1510.0	1503.1
C—N 伸缩振动	1356.9	1354.8	1353.6
C—H 面内弯曲振动	1143.0	1141.5	1143.4
C—H 面外弯曲振动	858.5	841.5	824.0

9.6.4　Ag/PANI 纳米复合材料的 SERS 检测

① 为了证实此次实验得到的 Ag/PANI 纳米复合材料具有预期的 SERS 增强效果，在文中所述实验条件下制备出 Ag/PANI 纳米复合材料后，使用染剂结晶紫(Crystal Violet，CV)为探针(检测分子)，分别对上述 Ag/PANI 纳米复合 SERS 基底进行拉曼分析测试，测试结果如图 9-9 所示。

图 9-9 从上到下依次是 Ag 质量分数为 25% 的 Ag/PANI、Ag 质量分数为 5% 的 Ag/PANI 以及纯 PANI 作为 SERS 基底时对 CV(10^{-9}M)的检测信号，图 9-10 为以纯 PANI 作为 SERS 基底的检测信号的局部放大图。由图所提供的信息可以发现，纯 PANI、Ag 质量分数为 5% 的 Ag/PANI、Ag 质量分数为 25% 的 Ag/PANI 作为 SERS 基底检测 CV 的拉曼信号依次增加。将纯 PANI 作为基底时检测到的拉

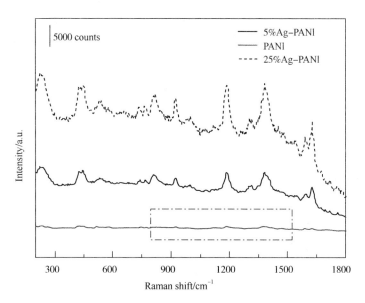

图 9-9　分别以纯 PANI、Ag 质量分数为 5% 的 Ag/PANI、Ag 质量分数
为 25% 的 Ag/PANI 作为 SERS 基底的拉曼散射图谱

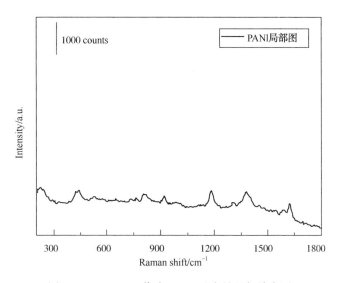

图 9-10　以 PANI 作为 SERS 基底的局部放大图

曼信号非常微弱，其累积强度在 5000 以下时几乎无法识别 CV 的特征峰，经过局部放大后虽然可发现特征峰的出现，但是强度仍然很弱。将 Ag 质量分数为 5% 的 Ag/PANI 纳米复合材料作为 SERS 基底时检测到的拉曼信号比 PANI 作为基底时

增强，且可以观察到特征峰，但信号强度依然无法达到日常检测的需要。将 Ag 质量分数为 25%的 Ag/PANI 纳米复合材料作为 SERS 基底时得到的拉曼信号约为质量分数为 5%的 Ag/PANI 作为 SERS 基底的信号强度的 3 倍，且特征峰较为明显，说明将质量分数为 25%的 Ag/PANI 纳米复合材料作为 SERS 基底是较好的选择。由 SEM 检测结果可知，在较高浓度的 AgNO$_3$ 溶液中发生反应的 PANI 表面 Ag 粒子的密度更高和分散情况更好，可见当基底上 Ag 纳米粒子的覆盖度比较好时，基底的拉曼性能也会有所提高。

②为了证实质量分数为 25%的 Ag/PANI 纳米复合材料具有预期的 SERS 增强效果，在文中所述实验条件下制备出 Ag/PANI 纳米复合材料后，使用浓度分别为 10^{-9}M、10^{-10}M、10^{-11}M、10^{-12}M 的 CV 为探针，对上述 Ag/PANI 纳米复合 SERS 基底进行拉曼分析来测试基底的检测极限，得到图 9-11。

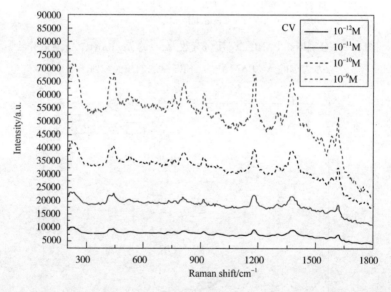

图 9-11　质量分数为 25%的 Ag/PANI 纳米复合 SERS 基底对不同浓度 CV 的拉曼检测

图 9-11 从上到下依次是质量分数为 25%的 Ag/PANI 纳米复合 SERS 基底对浓度分别为 10^{-9}M、10^{-10}M、10^{-11}M、10^{-12}M 的 CV 的拉曼检测信号。根据图片所提供的信息，可以明显地看到浓度为 10^{-9} M 的 CV 的特征峰依次为 450cm^{-1}、800cm^{-1}、1200cm^{-1}、1350cm^{-1} 和 1600cm^{-1}，表明在此浓度下 SERS 基底的信号增强能力良好。随着浓度的下降，从图中可见，10^{-10}M、10^{-11}M 的 CV 的特征峰依然可见，强度依次降低。浓度到了 10^{-12}M 时，依然可以观察到 CV 的所有特征峰

均依次出现(图中黑色曲线),表明该 SERS 基底的检测极限低至 10^{-12} M。

③ 为了对所制备的 SERS 基底进行重现性测试(底物均匀性),我们选择在相同的实验条件下收集来自 Ag/PANI 纳米复合 SERS 基底上 12 个随机选择位点在恒定浓度下 CV 的 SERS 光谱,结果如图 9-12 所示。

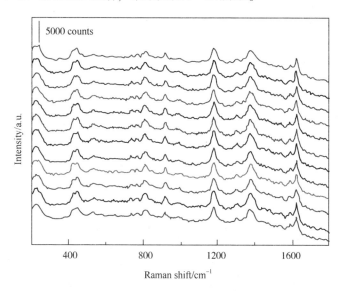

图 9-12　所制备的 Ag/PANI 纳米复合材料 12 个随机位点所采集 CV 的拉曼散射信号

从图 9-12 所提供的信息可知,这些 SERS 谱线显示出了良好的相似性,这表明制备好的 Ag/PANI 复合 SERS 基底具有较高的重复性,即在同一基底上的不同检测位置所获得的拉曼信号基本上是一致的,说明所制得的基底稳定性较好。

本章以 Ag/PANI 纳米复合材料为主要的研究对象,采用 SEM、FT-IR 与 SERS 等手段对 Ag/PANI 纳米复合材料进行了表征,并研究了不同质量分数的 AgNO₃ 对 SERS 基底性能的影响。主要结果如下:

① 根据 SEM 与 XRD 的检验结果可知,PANI 与硝酸银在实验条件下发生了氧化还原反应,生成了具有镶嵌结构的 Ag/PANI 纳米复合材料,在浓度较高的 AgNO₃ 溶液里,Ag 纳米粒子的负载情况更好。与纯的 PANI 相比,Ag/PANI 复合材料的 FT-IR 吸收峰向低频方向移动。

② 所制备的 Ag/PANI 纳米复合材料的 SERS 活性较均匀,信号稳定。其中 Ag 质量分数为 25% 的 Ag/PANI 纳米复合 SERS 基底增强和放大拉曼信号的效果更好,表明 Ag 纳米粒子的负载情况对 SERS 基底的整体性能有较大的影响。

9.7　Ag/PANI 纳米复合 SERS 基底的应用研究

9.7.1　PANI 及 Ag/PANI 纳米复合材料

如图 9-13 所示为所制备的 PANI 及 Ag/PANI 纳米复合材料的光学照片。所得产品均为深蓝色或黑色固体粉末，且具有一定的水溶性。

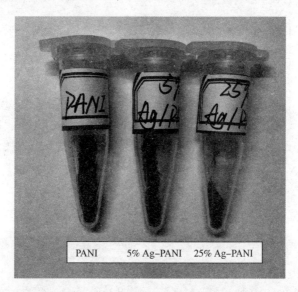

图 9-13　PANI 及 Ag/PANI 纳米复合材料

9.7.2　Ag/PANI 纳米复合 SERS 基底对苏丹红Ⅲ的拉曼检测

以浓度分别为 10^{-3} mol·L^{-1}、10^{-5} mol·L^{-1}、10^{-7} mol·L^{-1} 的苏丹红Ⅲ染液作为目标分子，使用 DXR-780nm Laser 拉曼光谱仪对所制得的 Ag/PANI 纳米复合材料的拉曼增强能力进行了分析，相应的检测结果如图 9-14 所示。

图 9-14 中，曲线从上到下分别为 Ag/PANI 纳米复合 SERS 基底对浓度为 10^{-3} mol·L^{-1}、10^{-5} mol·L^{-1}、10^{-7} mol·L^{-1} 的苏丹红Ⅲ染液进行检测的拉曼光谱图。根据上述谱图所提供的信息，Ag/PANI 纳米复合 SERS 基底的最低检测限为 10^{-7} mol·L^{-1}。其中 1050cm^{-1} 处检测到的拉曼信号最强。该实验结果表明通过本

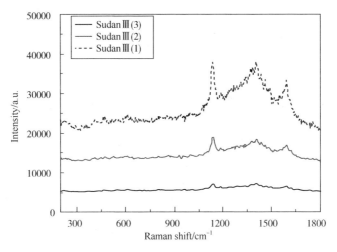

图 9-14　浓度分别为 10^{-3}mol·L^{-1}、10^{-5}mol·L^{-1}、

10^{-7}mol·L^{-1}的苏丹红Ⅲ染液的 SERS 检测图

实验方法及最佳优化条件所制备的 Ag/PANI 纳米复合 SERS 基底对危害组分的拉曼散射信号产生了明显的增强效应，且增强性能稳定，具有一定的实际应用价值。

9.8　小　　结

拉曼光谱检测技术当前乃至未来都将是科研生产中最为重要的分析手段之一。因此，设计/研究并完善拉曼检测所亟须的增强基底依旧是目前科研领域的重点内容。而 Ag/PANI 纳米复合 SERS 基底的制备与优化以及性能的探索将会继续成为高性能增强基底的研究热点。随着研究的深入，相关成果可形成一个更加成熟和完整的理论体系及实验设施方案，进而用来指导人们进一步探索，揭示 Ag/PANI 纳米复合 SERS 基底的增强机制。

本章通过大量反复实验，认真分析总结实验数据，初步得到以下结果：

① 在本章的研究中，通过化学氧化法在酸性环境中制备 PANI，然后利用 PANI 自身所具有的还原性将 AgNO₃溶液中的 Ag 离子还原生成单质 Ag，吸附在 PANI 的表面，形成 Ag/PANI 纳米复合材料。

② 在较高浓度的 AgNO₃溶液中发生反应的 PANI 表面 Ag 粒子的密度更高和

分散情况更好，然而，生成的纳米复合物粒径不受 AgNO$_3$ 浓度的影响。显然，随着 PANI 表面负载的 Ag 纳米粒子的数量和密度的提高，所制备的纳米复合材料的 SERS 增强性能、基底的稳定性以及检测能力也会有所提高。

③ 制得的 Ag/PANI 纳米复合材料可以直接作为 SERS 增强基底，并且通过对 CV 染剂以及苏丹红Ⅲ的拉曼检测表明这种纳米复合材料的拉曼增能稳定，能够有效地增强拉曼信号。

④ 在制备 PANI 时，本章采用的是化学氧化法，未来可尝试使用更多不同的方法。本章主要探究了不同 Ag 质量分数的硝酸银溶液中 Ag 纳米粒子的覆盖状况，在之后的实验中可以对其他的影响因素展开探究，从而制备出性能更加优异的 SERS 增强基底，并将其投入实际的应用中去。

⑤ 根据理论分析，我们可以进一步研究并利用在金属纳米结构中 LSPR 和 SPPs 模式的激发来实现对电磁波的操控或放大。同样，具有特殊形状的金属周期结构依靠 LSPR 和 SPPs 的参与亦可引发出许多独特的现象，扩充了金属纳米结构的研究内容，丰富了 SERS 增强的新机制。我们相信进一步的研究结果将会对 SERS 基底及其增强理论在实际中的应用具有一定的指导意义。

附录　本书主要符号表

3D	三维（Three-Dimensional）
Au	金（Gold）
AgNPs	银纳米颗粒（Ag Nanoparticles）
CV	结晶紫（Crystal Violet）
CVD	化学气相沉积（Chemical Vapor Deposition）
EDS	X 射线能量色散谱（Energy Dispersive X-ray Spectroscopy）
EF	增强因子（Enhancement Factor）
fM	飞摩尔（femtomole）
FDTD	时域有限差分法（Finite Different Time Domain）
LSPR	局域表面等离子体共振（Localized Surface Plasmon Resonance）
MG	孔雀石绿（Malachite Green）
pM	皮摩尔（picomole）
RSD	相对标准偏差（Relative Standard Deviation）
R6G	罗丹明 6G（Rhodamine 6G）
SERS	表面增强拉曼散射（Surface Enhanced Raman Scattering）
Si	硅（Silicon）
TERS	针尖增强拉曼散射（Tip Enhanced Raman Spectroscopy）
UV-Vis	紫外-可见（Ultraviolet Visible）
VLS	气-液-固（Vapor Liquid Solid）
XRD	X 射线衍射（X-Ray Diffraction）
XPS	X 射线光电子能谱（X-Ray Photoelectron Spectroscopy）；
PECVD	等离子体增强化学气相沉积（Plasma Enhanced Chemical Vapor Deposition）

参 考 文 献

[1] Long D. Early history of the Raman effect[J]. InternationalReviews in Physical Chemistry, 1988, 7(4): 317-349.

[2] Raman CV, Krishnan KS. A new type of secondary radiation[J]. Nature, 1928, 121: 501-502.

[3] Raman CV. A change of wave-length in light scattering[J]. Nature, 1928, 121: 619.

[4] Morris MD, Wallan DJ. Resonance Raman spectroscopy[J]. Analytical Chemistry, 1979, 51(2): 182A-192A.

[5] Clark RJ, Dines TJ. Resonance Raman spectroscopy and its application to inorganic chemistry. New Analytical Methods[J]. Angewandte Chemie International Edition, 1986, 25(2): 131-158.

[6] Hildebrandt P, Stockburger M. Surface-enhanced resonance Raman spectroscopy of Rhodamine 6G adsorbed on colloidal silver[J]. The Journal of Physical Chemistry, 1984, 88(24): 5935-5944.

[7] Chase DB. Fourier transform Raman spectroscopy[J]. Journal of the American Chemical Society, 1986, 108(24): 7485-7488.

[8] Chase B. Fourier transform Raman spectroscopy[J]. Analytical Chemistry, 1987, 59(14): 881A-890A.

[9] McMorrow D, Lotshaw WT. Intermolecular dynamics in acetonitrile probed with femtosecond Fourier-transform Raman spectroscopy[J]. The Journal of Physical Chemistry, 1991, 95(25): 10395-10406.

[10] Bailo E, Deckert V. Tip-enhanced Raman scattering[J]. Chemical Society Reviews, 2008, 37(5): 921-930.

[11] Deckert V. Tip-enhanced Raman spectroscopy[J]. Journal of Raman Spectroscopy, 2009, 40(10): 1336-1337.

[12] Jiang N, Kurouski D, Pozzi EA, et al. Tip-enhanced Raman spectroscopy: from concepts to practical applications[J]. Chemical Physics Letters, 2016, (659): 16-24.

[13] Vanden Akker CC, Deckert Gaudig T, Schleeger M, et al. Nanoscale heteroge-

neity of the molecular structure of individual hIAPP amyloid fibrils revealed with tip-enhanced Raman spectroscopy[J]. Small, 2015, 11(33): 4131-4139.

[14] Zhang Z, Dillen DC, Tutuc E, et al. Strain and hole gas induced Raman shifts in GeSi$_x$Ge$_{1-x}$ core-shell nanowires using tip-enhanced Raman spectroscopy[J]. Nano Letters, 2015, 15(7): 4303-4310.

[15] Begley R, Harvey A, Byer RL. Coherent anti-Stokes Raman spectroscopy[J]. Applied Physics Letters, 1974, 25(7): 387-390.

[16] Zumbusch A, Holtom GR, Xie XS. Three-dimensional vibrational imaging by coherent anti-Stokes Raman scattering[J]. Physical Review Letters, 1999, 82 (20): 4142.

[17] Duboisset J, Berto P, Gasecka P, et al. Molecular orientational order probed by coherent anti-Stokes Raman scattering(CARS) and stimulated Raman scattering (SRS) microscopy: a spectral comparative study[J]. The Journal of Physical Chemistry B, 2015, 119(7): 3242-3249.

[18] Campion A, Kambhampati P. Surface - enhanced Raman scattering [J]. Chemical Society Reviews, 1998, 27(4): 241-250.

[19] Kneipp K, Moskovits M, Kneipp H. Surface-enhanced Raman scattering[J]. Physics Today, 2007, 60(11): 40.

[20] Garrell RL. Surface-enhanced Raman spectroscopy[J]. Analytical Chemistry, 1989, 61(6): 401A-411A.

[21] Guerrini L, Krpetić Ž, Van Lierop D, et al. Direct surface-enhanced Raman scattering analysis of DNA duplexes[J]. Angewandte Chemie, 2015, 127(4): 1160-1164.

[22] Chen S, Li X, Zhao Y, et al. Graphene oxide shell-isolated Ag nanoparticles for surface-enhanced Raman scattering[J]. Carbon, 2015, 81: 767-772.

[23] Wang H, Zhou Y, Jiang X, et al. Simultaneous capture, detection, and inactivation of bacteria as enabled by a surface-enhanced Raman scattering multifunctional chip[J]. Angewandte Chemie International Edition, 2015, 54(17): 5132-5136.

[24] Gruenke NL, Cardinal MF, McAnally MO, et al. Ultrafast and nonlinear surface-enhanced Raman spectroscopy[J]. Chemical Society Reviews, 2016, 45

(8): 2263-2290.

[25] Yang L, Li P, Liu H, et al. A dynamic surface enhanced Raman spectroscopy method for ultra-sensitive detection: from the wet state to the dry state [J]. Chemical Society Reviews, 2015, 44(10): 2837-2848.

[26] Lee H, Kim G-H, Lee J-H, et al. Quantitative plasmon mode and surface-enhanced Raman scattering analyses of strongly coupled plasmonic nanotrimers with diverse geometries [J]. Nano Letters, 2015, 15(7): 4628-4636.

[27] Zheng G, Polavarapu L, Liz-Marzán LM, et al. Gold nanoparticle-loaded filter paper: a recyclable dip-catalyst for real-time reaction monitoring by surface enhanced Raman scattering [J]. Chemical Communications, 2015, 51 (22): 4572-4575.

[28] Zhang L, Liu T, Liu K, et al. Gold nanoframes by nonepitaxial growth of Au on AgI nanocrystals for surface-enhanced Raman spectroscopy [J]. Nano Letters, 2015, 15(7): 4448-4454.

[29] Li W, Camargo PH, Lu X, et al. Dimers of silver nanospheres: facile synthesis and their use as hot spots for surface-enhanced Raman scattering [J]. Nano Letters, 2008, 9(1): 485-490.

[30] Aroca RF, Goulet PJ, dos Santos DS, et al. Silver nanowire layer-by-layer films as substrates for surface-enhanced Raman scattering [J]. Analytical Chemistry, 2005, 77(2): 378-382.

[31] Wang Y, Asefa T. Poly(allylamine)-stabilized colloidal copper nanoparticles: synthesis, morphology, and their surface-enhanced Raman scattering properties [J]. Langmuir, 2010, 26(10): 7469-7474.

[32] Muniz-Miranda M, Gellini C, Giorgetti E. Surface-enhanced Raman scattering from copper nanoparticles obtained by laser ablation [J]. The Journal of Physical Chemistry C, 2011, 115(12): 5021-5027.

[33] Sauer G, Brehm G, Schneider S, et al. Surface-enhanced Raman spectroscopy employing monodisperse nickel nanowire arrays [J]. Applied Physics Letters, 2006, 88(2): 023106.

[34] Wei W, Li S, Millstone JE, et al. surprisingly long-range surface-enhanced Raman scattering(SERS) on Au-Ni multisegmented nanowires [J]. Angewandte

Chemie International Edition, 2009, 48(23): 4210-4212.

[35] Tian Z-Q, Ren B, Wu D-Y. Surface-enhanced Raman scattering: from noble to transition metals and from rough surfaces to ordered nanostructures[J]. The Journal of Physical Chemistry B, 2002, 106(37): 9463-9483.

[36] Fleischmann M, Hendra PJ, McQuillan A. Raman spectra of pyridine adsorbed at a silver electrode[J]. Chemical Physics Letters, 1974, 26(2): 163-166.

[37] Fleischmann M, Hendra P, McQuillan A, et al. Raman spectroscopy at electrode-electrolyte interfaces[J]. Journal of Raman Spectroscopy, 1976, 4(3): 269-274.

[38] Albrecht MG, Creighton JA. Anomalously intense Raman spectra of pyridine at a silver electrode[J]. Journal of the American Chemical Society, 1977, 99(15): 5215-5217.

[39] Jeanmaire DL, Van Duyne RP. Surface Raman spectroelectrochemistry: Part I. Heterocyclic, aromatic, and aliphatic amines adsorbed on the anodized silver electrode[J]. Journal of Electroanalytical Chemistry and Interfacial Electrochemistry, 1977, 84(1): 1-20.

[40] Zhang R, Zhang Y, Dong Z, et al. Chemical mapping of a single molecule by plasmon-enhanced Raman scattering[J]. Nature, 2013, 498(7452): 82-86.

[41] Nie S, Emory SR. Probing single molecules and single nanoparticles by surface-enhanced Raman scattering[J]. Science, 1997, 275(5303): 1102-1106.

[42] Luo S-C, Sivashanmugan K, Liao J-D, et al. Nanofabricated SERS-active substrates for single - molecule to virus detection in vitro: A review [J]. Biosensors and Bioelectronics, 2014, 61: 232-240.

[43] Sharma B, Frontiera RR, Henry A-I, et al. SERS: materials, applications, and the future[J]. Materials Today, 2012, 15(1): 16-25.

[44] Canamares MV, Chenal C, Birke RL, et al. DFT, SERS, and single-molecule SERS of crystal violet[J]. The Journal of Physical Chemistry C, 2008, 112(51): 20295-20300.

[45] Le Ru E, Grand J, Felidj N, et al. Experimental verification of the SERS electromagnetic model beyond the $\mid E \mid^4$ approximation: polarization effects[J]. The Journal of Physical Chemistry C, 2008, 112(22): 8117-8121.

[46] Alonso-González P, Albella P, Schnell M, et al. Resolving the electromagnetic mechanism of surface-enhanced light scattering at single hot spots[J]. Nature Communications, 2012, 3: 684.

[47] Zeng Z, Liu Y, Wei J. Recent advances in surface-enhanced raman spectroscopy (SERS): Finite-difference time-domain(FDTD) method for SERS and sensing applications[J]. TrAC Trends in Analytical Chemistry, 2016, 75: 162-173.

[48] Qian H, Xu M, Li X, et al. Surface micro/nanostructure evolution of Au-Ag alloy nanoplates: synthesis, simulation, plasmonic photothermal and surface-enhanced Raman scattering applications[J]. Nano Research, 2016, 9(3): 876-885.

[49] Cong S, Yuan Y, Chen Z, et al. Noble metal-comparable SERS enhancement from semiconducting metal oxides by making oxygen vacancies[J]. Nature Communications, 2015, 6: 7800.

[50] Hao Z, Mansuer M, Guo Y, et al. Ag-nanoparticles on UF-microsphere as an ultrasensitive SERS substrate with unique features for rhodamine 6G detection [J]. Talanta, 2016, 146: 533-539.

[51] Mo Y, Mörke I, Wachter P. The influence of surface roughness on the Raman scattering of pyridine on copper and silver surfaces[J]. Solid State Communications, 1984, 50(9): 829-832.

[52] Hu X, Meng G, Huang Q, et al. Large-scale homogeneously distributed Ag-NPs with sub-10 nm gaps assembled on a two-layered honeycomb-like TiO_2 film as sensitive and reproducible SERS substrates[J]. Nanotechnology, 2012, 23 (38): 385705.

[53] Zou Y, Chen L, Song Z, et al. Stable and unique graphitic Raman internal standard nanocapsules for surface-enhanced Raman spectroscopy quantitative analysis[J]. Nano Research, 2016, 9(5): 1418-1425.

[54] Dulkeith E, Ringler M, Klar T, et al. Gold nanoparticles quench fluorescence by phase induced radiative rate suppression[J]. Nano Letters, 2005, 5(4): 585-589.

[55] Zhu Q, Cao Y, Cao Y, et al. Rapid on-site TLC-SERS detection of four antidiabetes drugs used as adulterants in botanical dietary supplements[J]. Analyti-

cal and Bioanalytical Chemistry, 2014, 406(7): 1877-1884.

[56] Harpster MH, Zhang H, Sankara - Warrier AK, et al. SERS detection of indirect viral DNA capture using colloidal gold and methylene blue as a Raman label[J]. Biosensors and Bioelectronics, 2009, 25(4): 674-681.

[57] Wiley B, Sun Y, Mayers B, et al. Shape-Controlled Synthesis of Metal Nanostructures: The Case of Silver[J]. Chemistry, 2010, 37(4).

[58] Tian F, Bonnier F, Casey A, et al. Surface Enhanced Raman Scattering with Gold Nanoparticles: Effect of Particle Shape [J]. Anal Methods, 2014, 6, 9116-9123.

[59] Pulit J, Banach M, Kowalski Z. Does Appearance Matter Impact of Particle Shape on NanosilverCharacteristics[J]. CHEMIK, 2011, 65: 445-456.

[60] Benz F, Chikkaraddy R, Salmon A, et al. SERS of Individual Nanoparticles on a Mirror: Size Does Matter, but so Does Shape[J]. PhysChemLett, 2016, 7: 2264-2269.

[61] Surface Enhanced Raman Scattering Encoded Gold Nanostarsfor Multiplexed Cell Discrimination[J]. Chemistry of Materials, 2016, 28(18): 6779-6790.

[62] Multifunctional self-assembled composite colloids and their application to SERS detection[J]. Nanoscale, 2015, 7(23): 10377-10381.

[63] 李贞, 徐维平, 吴亚东, 等. 表面增强拉曼散射活性基底制备的研究进展 [J]. 中国药业, 2015(3): 4-6.

[64] Wang J, Huang L, Yuan L, et al. Silver nanostructure arrays abundant in sub-5 nm gaps as highly Raman-enhancing substrates[J]. Applied Surface Science, 2012, 258(8): 0-3523.

[65] 王利华, 王佳慧, 韩艳云, 等. Au@Ag 纳米粒子表面增强拉曼光谱法高灵敏检测孔雀石绿[J]. 武汉工程大学学报, 2018, 40(1): 40-45.

[66] 温馨, 王哲哲, 林林, 等. 高度有序的金铜合金微阵列表面增强拉曼散射 [J]. 功能材料, 2018, 5(49): 05076-05080

[67] Alessandri I. Enhancing Raman scattering without plasmons: unprecedented sensitivity achieved by TiO_2 shell-based resonators[J]. J Am Chem Soc, 2013, 135(15): 5541-5544.

[68] Huang J, Chen F, Zhang Q, et al. 3D Silver Nanoparticles Decorated Zinc Ox-

ide/Silicon HeterostructuredNanomace Arrays as High−Performance Surface−Enhanced Raman Scattering Substrates[J]. ACS Applied Materials & Interfaces, 2015, 7(10): 5725−5735.

[69] Gu J, Fahrenkrug E, Maldonado S. Analysis of the Electrodeposition and Surface Chemistry of CdTe, CdSe, and CdS Thin Films through Substrate−Overlayer Surface − Enhanced Raman Spectroscopy [J]. Langmuir, 2014, 30 (34): 10344−10353.

[70] 何钦业. 磁性氧化铁/贵金属复合材料的制备及在 SERS 基底中的应用 [D]. 2017.

[71] Huang J, Ma D, Chen F, et al. Green in Situ Synthesis of Clean 3D Chestnut-like Ag/WO$_{3-x}$ Nanostructures for Highly Efficient, Recyclable and Sensitive SERS Sensing[J]. ACS APPLIED MATERIALS & ITERFACES, 2017, 9: 7436−7446.

[72] Xu H, Huang J, Chen Y. Synthesis and Characterization of Porous CuO Nanorods[J]. Integrated Ferroelectrics, 2011, 129(1): 25−29.

[73] Murphy S, Huang L, Kamat P V. Reduced Graphene Oxide – Silver Nanoparticle Composite as an Active SERS Material[J]. The Journal of Physical Chemistry C, 2013, 117(9): 4740−4747.

[74] Zhao X, Wang W, Liang Y, et al. Visible−light−driven charge transfer to significantly improve surface−enhanced Raman scattering(SERS) activity of self−cleaning TiO$_2$/Au nanowire arrays as highly sensitive and recyclable SERS sensor [J]. Sensors and Actuators B: Chemical, 2019, 279: 313−319.

[75] Qinzhi Wang, Yingnan Liu, Yaowen Bai, et al. Superhydrophobic SERS Substrates Based on Silver Dendrite−Decorated Filter Paper for Trace Detection of Nitenpyram[J]. AnalyticaChimicaActa, 2018.

[76] 赵文宁. 几种柔性 SERS 基底的研究[D]. 华中科技大学, 2014.

[77] 闫俊. 聚苯胺多孔膜/金颗粒复合材料的制备及其 SERS 性能研究[J]. 中北大学学报(自然科学版), 2016, 37(5): 552−556.

[78] Guochao S, Mingli W, Yanying Z, et al. A novel natural SERS system for crystal violet detection based on graphene oxide wrapped Ag micro−islands substrate fabricated from Lotus leaf as a template[J]. Applied Surface Science, 2018,

459: 802-811.

[79] Maofeng Zhang, Tun Chen, Yongkai Liu. Plasmonic 3D Semiconductor-Metal Nanopore Arrays for Reliable Surface-Enhanced Raman Scattering Detection and In-Site Catalytic Reaction Monitoring[J]. ACS Sensors, 2018.

[80] Zoux x, Silva R, Huang XX, et al. A self-cleaning porous TiO_2-Ag core-shell nanocomposite material for surface - enhanced Raman scattering [J]. chemcommun, 2013, 49: 382-384

[81] Maosen Yang, Jing Yu, Fengcai Lei et al. Synthesis of low-cost 3D-porous ZnO/Ag SERS-active substrate with ultrasensitive and repeatable detectability [J]. Sensors and Actuators B, 2018, 256: 268-275.

[82] Zhang X, Zhu Y, YangX, et al. Multifunctional Fe_3O_4@ TiO_2@ Au magnetic microspheres as recyclable substrates for surface-enhanced Raman scattering[J]. Nanoscale, 2014, 6(11): 5971-5979

[83] Leung C F, Xuan S, Zhu X, et al. Gold and Iron Oxide Hybrid Nanocomposite Materials[J]. Chemical Society Reviews, 2012, 41(5): 1911-1928.

[84] Stoeva S I, Huo F, Lee J S, et al. Three-Layer Composite Magnetic Nanoparticle Probes for DNA[J]. Journal of the American Chemical Society, 2005, 127 (44): 15362-15363.

[85] Nash M A, Yager P, Hoffman A S, et al. Mixed Stimuli-Responsive Magnetic and Gold Nanoparticle System for Rapid Purification, Enrichment, and Detection of Biomarkers[J]. Bioconjugate Chemistry, 2010, 21(12): 2197-2204.

[86] Lin F H, Doong R A. Bifiinctional Au-FesCHeterostmctures for Magnetically-Recyclable Catalysis of Nitrophenol Reduction [J]. J Phys Chem. C, 2011, 115: 6591-6598.

[87] Lee Y, Garcia M A, Frey Huls N A , et al. Synthetic Tuning of the Catalytic Properties of Au - Fe_3O_4 Nanoparticles [J]. Angewandte Chemie, 2010, 41 (17): 1271-4.

[88] Lim J K, Majetich S A. Composite magnetic - plasmonic nanoparticles for bio-medicine: Manipulation and imaging[J]. Nano Today, 2013, 8(1): 98-113.

[89] 甘自保. 铁氧化物/贵金属复合材料的制备及其 SERS 效应研究[D]. 中国科学技术大学, 2013.

184

［90］何钦业．磁性氧化铁/贵金属复合材料的制备及在 SERS 基底中的应用［D］．2017.

［91］沈红霞．铁氧化物/金核壳粒子的制备及表面增强拉曼光谱研究［D］．苏州大学，2009.

［92］唐祥虎．复杂结构 SERS 基底的设计与构筑及其用于环境检测和催化监测［D］．中国科学技术大学，2014.

［93］秦素花．毛细管 SERS 基底的构筑及其性能研究［D］．安徽大学，2015.

［94］Wang W, Guo Q, Xu M , et al. On-line surface enhanced Raman spectroscopic detection in a recyclable Au@ SiO_2 modified glass capillary［J］. Journal of Raman Spectroscopy, 2014, 45(9): 736-744.

［95］刘江涛，洪昕．基于微流控芯片 SERS 生物传感器的发展与应用［J］．北京生物医学工程，2018，37(2)：201-207.

［96］Huang CH, Lin HY, Kuo I, et al. On-chip SERS analysis for single mimic pathogen detection using Raman-labeled nanoaggregate-embedded beads with a dielectrophoreticchip［J］. Asia Pacific Optical Sensors Conference, 2012, 8351 (1): 73-77.

［97］Galarreta B C, Tabatabaei M, Guieu V, et al. Microfluidic channel with embedded SERS 2D platform for the aptamer detection of ochratoxinA［J］. Analytical &Bioanalytical Chemistry, 2013, 405(5): 1613-1621.

［98］Li P, Li Y, Zhou ZK, et al. Evaporative self-assembly of gold nanorods into macroscopic 3D plasmonic superlattice arrays［J］. Advanced Materials, 2016, 28(13): 2511-2517.

［99］Zhu C, Mcng G, Huang Q, et al. ZnO-nanotaper array sacrificial templated synthesis of noble-metal building-block assembled nanotube arrays as 3D SERS-substrates［J］. Nano Research, 2015, 8(3): 957-966.

［100］Chang S, Ko H, Singamaneni S, et al. Nanoporous membranes with mixed nanoclusters for Raman-based label-free monitoring of peroxide compounds［J］. Analytical Chemistry, 2009, 81(14): 5740-5748.

［101］Ko H, Tsukruk VV. Nanoparticle-decorated nanocanals for surface-enhanced raman scattering［J］. Small, 2008, 4(11): 1980-1984.

［102］Tan Y, Gu J, Xu L, et al. High-density hotspots engineered by naturally piled-up subwavelength structures in three-dimensional copper butterfly wing scales for surface - enhanced Raman scattering detection [J] . Advanced Functional Materials, 2012, 22(8): 1578-1585.

[103] Tan Y, Gu J, Zang X, et al. Versatile fabrication of intact three-dimensional metallic butterfly wing scales with hierarchical sub-micrometer structures[J]. Angewandte Chemie International Edition, 2011, 50(36): 8307-8311.

[104] Gan Z, Cao Y, Evans RA, et al. Three-dimensional deep sub-diffraction optical beam lithography with 9 nm feature size [J] . Nature Communications, 2013, 4: 2061.

[105] Wu W, Hu M, Ou FS, et al. Cones fabricated by 3D nanoimprint lithography for highly sensitive surface enhanced Raman spectroscopy[J]. Nanotechnology, 2010, 21(25): 255502.

[106] Liu H, Yang Z, Meng L, et al. Three-dimensional and time-ordered surface-enhanced Raman scattering hotspot matrix [J] . Journal of the American Chemical Society, 2014, 136(14): 5332-5341.

[107] Chen B, Meng G, Huang Q, et al. Green synthesis of large-scale highly ordered core@ shell nanoporous Au@ Ag nanorod arrays as sensitive and reproducible 3D SERS substrates[J]. ACS Applied Materials & Interfaces, 2014, 6 (18): 15667-15675.

[108] Zhou H, Zhang Z, Jiang C, et al. Trinitrotoluene explosive lights up ultrahigh Raman scattering of nonresonant molecule on a top-closed silver nanotube array [J]. Analytical Chemistry, 2011, 83(18): 6913-6917.

[109] Li Z, Meng G, Huang Q, et al. Ag nanoparticle - grafted PAN - nanohump array films with 3D high-density hot spots as flexible and reliable SERS substrates[J]. Small, 2015, 11(40): 5452-5459.

[110] Panikkanvalappil SR, El-Sayed MA. Gold-nanoparticle-decorated hybrid mes of lowers: an efficient surface-enhanced Raman scattering substrate for ultra-trace detection of prostate specific antigen [J] . The Journal of Physical Chemistry B, 2014, 118(49): 14085-14091.

[111] Oakley LH, Fabian DM, Mayhew HE, et al. Pretreatment strategies for SERS analysis of indigo and prussian blue in aged painted surfaces[J]. Analytical

Chemistry, 2012, 84(18): 8006-8012.

[112] Xie W, Herrmann C, Kömpe K, et al. Synthesis of bifunctional Au/Pt/Au core/shell nanoraspberries for in situ SERS monitoring of platinum-catalyzed reactions[J]. Journal of the American Chemical Society, 2011, 133(48): 19302-19305.

[113] Xie W, Walkenfort B, Schlücker S. Label-free SERS monitoring of chemical reactions catalyzed by small gold nanoparticles using 3D plasmonic superstructures[J]. Journal of the American Chemical Society, 2012, 135(5): 1657-1660.

[114] Mecker L C, Tyner K M, Kauffman J F, et al. Selective melamine detection in multiple sample matrices with a portable Raman instrument using surface enhanced Raman spectroscopy-active gold nanoparticles[J]. AnalyticaChimicaActa, 2012, 733: 48-55.

[115] Jahn M, Patze S, Bocklitz T, Weber K, Cialla-May D, Popp J. AnalChimActa, 2015, 860: 43-50.

[116] Xiong Z Y, Chen X W, Liou P, et al. Development of nanofibrillated cellulose coated with gold nanoparticles for measurement of melamine by SERS[J]. Cellulose, 2017, 24(7): 2801-2811.

[117] Lin S, Lin X, Lou X T, et al. Rapid and sensitive SERS method for determination of Rhodamine B in chili powder with paper-based substeates[J]. Analytical Methods, 2015, 7(12): 5289-5294

[118] Liao W J, Roy P K, Chattopadhadhyay S. An ink-jet printed, surface enhanced Raman scattering paper for food screening[J]. RSC Advances, 2014, 4(76): 40487-40493.

[119] Müller C, David L, Chis V, Pnzaru S C. Detection of thiabendazole applied on citrus fruits and bananas using surface enhanced Raman scattering[J]. Food Chemistry, 2014, 145(7): 814-820.

[120] 赵琦, 刘翠玲, 孙晓荣, 等. 基于 SERS 法的苹果中农药残留的定性及定量分析[J]. 光散射学报, 2016, 28(1): 6-11.

[121] Fan M, Zhang Z, Hu J, et al. Ag decorated sandpaper as flexible SERS substrate for direct swabbing sampling[J]. Materials Letters, 2014, 133:

57-59.

[122] Chen X W, Nguyen T H D, Gu L Q, Lin M S [J]. Food Sci, 2017, 82 (7): 1640 -1646.

[123] 马海宽, 张旭, 钟石磊, 等. 基于静电富集–表面增强拉曼光谱联用技术的抗生素检[J]. 中国激光, 2018, 45(2): 300-307.

[124] Eshkeiti A, Narakathu B B, Reddy A S G, et al. Detection of heavy metal compounds using a novel inkjet printed surface enhanced Raman spectroscopy (SERS) substrate [J]. Sensors and Actuators B: Chemical, 2012, 171: 705-711.

[125] Qu L L, Song Q X, Li Y T, et al. Fabrication of bimetallic microfluidic surface-enhanced Raman scattering sensors on paper by screen printing[J]. AnalyticaChimicaActa, 2013, 792: 86-92.

[126] Eshkeiti A, Rezaei M, Narakathu B B, et al. Gravure printed paper based substrate for detection of heavy metals using surface enhanced Raman spectroscopy(SERS)[C]. sensors, 2013: 13977671.

[127] Xu J, Turner J W, Idso M, et al. In situ strain-level detection and identification of Vibrio parahaemolyticus using surface-enhanced Raman spectroscopy[J] Analytical Chemistry, 2013, 85(5): 2630-2637.

[128] Wang J, Wu X, Wang C, Shao N, Dong P, Xiao R, Wang S. AcsAppl Mater Int, 2015, 7(37) : 20919-20929.

[129] Wang C W, Liu Q Q, Xiao R, et al. Combined use of vancomycin-modified Ag-coated magnetic nanoparticles and secondary enhanced nanoparticles for rapid surface-enhanced Raman scattering detection of bacteria[J]. International Journal of Nanomedicine, 2018, 13: 1159-1178.

[130] 李琴. SERS 传感器构建及其用于黄曲霉毒素 B_1 检测[D]. 2017.

[131] Cheng M L, Tsai B C, Yang J. Silver nanoparticle-treated filter paper as a highly sensitive surface-enhanced Raman scattering(SERS) substrate for detection of tyrosine in aqueous solution[J]. AnalyticaChimicaActa, 2011, 708(1-2): 89-96.

[132] Eshkeiti A, Narakathu B B, Reddy A S G, et al. A Novel Inkjet Printed Surface Enhanced Raman Spectroscopy(SERS) Substrate for the Detection of Toxic

Heavy Metals[J]. Procedia Engineering, 2011, 25: 338-341.

[133] Manfaitmn, Bievi, Mojaih. Molecular events on single living cancer cells as studied by microspectro-fluorometry and micro SERS Raman spectroscopy[J] Cell Pharma, 1992, 3: 120-125.

[134] Liu G L, Lee L P. Nanowell surface enhanced Raman scattering arrays fabricated by soft-lithography for label-free biomolecular detections in integrated microfluidics[J]. Applied Physics Letters, 2005, 87(7): 074101-074103.

[135] Efrima S, Bronk B V. Silver Colloids Impregnating or Coating Bacteria[J]. The Journal of Physical Chemistry B, 1998, 102(31): 5947-5950.

[136] Liu Q, Wang J, Wang B, et al. Paper-based plasmonic platform for sensitive, noninvasive, and rapid cancer screening[J]. Biosensors and Bioelectronics, 2014, 54: 128-134.

[137] 封昭, 周骏, 陈栋, 等. 基于金/银纳米三明治结构 SERS 特性的超灵敏前列腺特异性抗原检测[J]. 发光学报, 2015, 36(9): 1064-1070.

[138] Liu Q, Wang B, Wang B, et al. Paper-based plasmonic platform for sensitive, noninvasive, rapid cancer screening[J]. Biosensors and Bioelectronnics, 2014, 54: 128-134.

[139] Torul H, Ciftic H, Cetin D, et al. Paper membrane-based SERS platform for the determination of glucose in blood samples[J]. Analytical and Bioanalytical Chemistry, 2015, 407(27): 8243-8251.

[140] Park M, Jung H, Jeong Y, et al. PlasmonicSchirmer Strip for Human Tear-Based Gouty Arthritis Diagnosis Using Surface-Enhanced Raman Scattering[J]. ACS Nano, 2017, 11(1): 438-443.

[141] Kim W, Lee J C, Shin J H, et al. Instrument-free synthesizable fabrication of Label-free optical biosensing paper strips for the early detection of infectious kertoconjunctivitides[J]. Analyticle Chemistry, 2016, 88(10): 5531-5537.

[142] Li M X, Yang H, Li S Q, Liu C W, Zhao K, Li J G, Jiang D N, Sun L L, Wang H, Deng A P. Sensor. Actuator B, 2015, 211: 551-558.

[143] 李晓, 陈梦云, 王磊, 等. 纸基-表面增强拉曼光谱法快速检测弱主药信号药品中的主药成分[J]. 分析化学, 2015(11): 1735-1742.

[144] 李丹, 吕狄亚. 纸基-表面增强拉曼光谱法检测染色掺伪的红花药材[J].

药物分析杂志, 2015(8): 1466-1470.

[145] Mehn D, Morasso C, Vanna R, et al. Immobilised gold nanostars in a paper-based test system for surface-enhanced Raman spectrosc, opy[J]. Vibrational Spectroscopy, 2013, 68: 45-50.

[146] Yang X, He Y, Wang X L, Yuan R. Appl. Surf. Sci. 2017, 416: 581-586.

[147] Zheng G, Polavarapu L, Liz-Marzán, Luis M, et al. Gold nanoparticle-loaded filter paper: a recyclable dip-catalyst for real-time reaction monitoring by surface enhanced Raman scattering[J]. Chem. Commun. 2015, 51(22): 4572-4575.

[148] Cao Q, Yuan K P, Liu Q H, et al. Porous Au-Ag Alloy Particles Inlaid AgCl Membranes As Versatile Plasmonic Catalytic Interfaces withSimultaneous, in Situ SERS Monitoring[J]. ACS Applied Materials & Interfaces, 2015, 7 (33): 18491-18500.

[149] Wagner R, Ellis W. Vapor-liquid-solid mechanism of single crystal growth [J]. Applied Physics Letters, 1964, 4(5): 89-90.

[150] Wu Y, Yang P. Direct observation of vapor-liquid-solid nanowire growth[J]. Journal of the American Chemical Society, 2001, 123(13): 3165-3166.

[151] Trentler TJ, Hickman KM, Goel SC, et al. Solution-liquid-solid growth of crystalline III-V semiconductors: an analogy to vapor-liquid-solid growth [J]. Science, 1995, 270(5243): 1791.

[152] Harmand J, Patriarche G, Péré-Laperne N, et al. Analysis of vapor-liquid-solid mechanism in Au-assisted GaAs nanowire growth[J]. Applied Physics Letters, 2005, 87(20): 203101.

[153] Wang X, Shi W, She G, et al. High-performance surface-enhanced Raman scattering sensors based on Ag nanoparticles-coated Si nanowire arrays for quantitative detection of pesticides [J]. Applied Physics Letters, 2010, 96 (5): 053104.

[154] Qiu T, Wu X, Shen J, et al. Surface-enhanced Raman characteristics of Ag cap aggregates on silicon nanowire arrays[J]. Nanotechnology, 2006, 17 (23): 5769.

[155] Fang C, Agarwal A, Widjaja E, et al. Metallization of silicon nanowires and

SERS response from a single metallized nanowire[J]. Chemistry of Materials, 2009, 21(15): 3542-3548.

[156] Zhang B, Wang H, Lu L, et al. Large-Area Silver-coated silicon nanowire arrays for molecular sensing using surface-enhanced Raman spectroscopy[J]. Advanced Functional Materials, 2008, 18(16): 2348-2355.

[157] He Y, Su S, Xu T, et al. Silicon nanowires-based highly-efficient SERS-active platform for ultrasensitive DNA detection[J]. Nano Today, 2011, 6(2): 122-130.

[158] Becker M, Sivakov V, Andrä G, et al. The SERS and TERS effects obtained by gold droplets on top of Si nanowires[J]. NanoLetters, 2007, 7(1): 75-80.

[159] Hong F. Photovoltaic effects in biomembranes/spl minus/reverse-engineering naturally occurring molecular optoelectronic devices[J]. IEEE Engineering in Medicine and Biology Magazine, 1994, 13(1): 75-93.

[160] Han Z, Liu H, Wang B, et al. Three-dimensional surface-enhanced Raman scattering hotspots in spherical colloidal superstructure for identification and detection of drugs in human urine[J]. Analytical Chemistry, 2015, 87(9): 4821-4828.

[161] Cao Y, Jin R, Mirkin CA. DNA-modified core-shell Ag/Au nanoparticles [J]. Journal of the American Chemical Society, 2001, 123(32): 7961-7962.

[162] Yang Y, Liu J, Fu Z-W, et al. Galvanic replacement-free deposition of Au on Ag for core-shell nanocubes with enhanced chemical stability and SERS activity[J]. Journal of the American Chemical Society, 2014, 136(23): 8153-8156.

[163] Yang Y, Zhang Q, Fu Z-W, et al. Transformation of Agnanocubes into Ag-Au hollow nanostructures with enriched Ag contents to improve SERS activity and chemical stability[J]. ACS Applied Materials & Interfaces, 2014, 6(5): 3750-3757.

[164] Liu S, Chen N, Li L, et al. Fabrication of Ag/Au core-shell nanowire as a SERS substrate[J]. Optical Materials, 2013, 35(3): 690-692.

[165] Tan Y, Gu J, Xu W, et al. Reduction of CuO butterfly wing scales generates

Cu SERS substrates for DNA base detection[J]. ACS Applied Materials & Interfaces, 2013, 5(20): 9878-9882.

[166] Lee SY, Kim S-H, Kim MP, et al. Freestanding and arrayed nanoporous microcylinders for highly active 3D SERS substrate[J]. Chemistry of Materials, 2013, 25(12): 2421-2426.

[167] Tang W, Chase DB, Rabolt JF. Immobilization of gold nanorods onto electrospun polycaprolactone fibers via polyelectrolyte decoration—A 3D SERS substrate[J]. Analytical Chemistry, 2013, 85(22): 10702-10709.

[168] Xu S, Zhang Y, Luo Y, et al. Ag-decorated TiO_2 nanograss for 3D SERS-active substrate with visible light self-cleaning and reactivation[J]. Analyst, 2013, 138(16): 4519-4525.

[169] Lu R, Sha J, Xia W, et al. A 3D-SERS substrate with high stability: Silicon nanowire arrays decorated by silver nanoparticles[J]. CrystEngComm, 2013, 15(31): 6207-6212.

[170] Lin PY, Hsieh CW, Tsai PC, et al. Porosity-controlled eggshell membrane as 3D SERS-active substrate[J]. ChemPhysChem, 2014, 15(8): 1577-1580.

[171] Phan Quang GC, Lee HK, Phang IY, et al. Plasmonic colloidosomes as three-dimensional SERS platforms with enhanced surface area for multiphase sub-microliter toxin sensing[J]. Angewandte Chemie, 2015, 127(33): 9827-9831.

[172] He L, Ai C, Wang W, et al. An effective three-dimensional surface-enhanced Raman scattering substrate based on oblique Si nanowire arrays decorated with Ag nanoparticles[J]. Journal of Materials Science, 2016, 51(8): 3854-3860.

[173] Wang L, Li H, Tian J, et al. Monodisperse, micrometer-scale, highly crystalline, nanotextured Agdendrites: rapid, large-scale, wet-chemical synthesis and their application as SERS substrates[J]. ACS Applied Materials & Interfaces, 2010, 2(11): 2987-2991.

[174] Ye W, Chen Y, Zhou F, et al. Fluoride-assisted galvanic replacement synthesis of Ag and Au dendrites on aluminum foil with enhanced SERS and catalytic activities[J]. Journal of Materials Chemistry, 2012, 22(35): 18327-18334.

[175] Ren W, Guo S, Dong S, et al. Ag dendrites with rod-like tips: synthesis, characterization and fabrication of superhydrophobic surfaces [J]. Nanoscale, 2011, 3(5): 2241-2246.

[176] Hannon J, Kodambaka S, Ross F, et al. The influence of the surface migration of gold on the growth of silicon nanowires [J]. Nature, 2006, 440 (7080): 69-71.

[177] Yan M, Xiang Y, Liu L, et al. Silver nanocrystals with special shapes: controlled synthesis and their surface-enhanced Raman scattering properties [J]. RSC Advances, 2014, 4(1): 98-104.

[178] Ho J-Y, Liu T-Y, Wei J-C, et al. Selective SERS detecting of hydrophobic microorganisms by tricomponent nanohybrids of silve-silicate-platelet-surfactant [J]. ACS Applied Materials & Interfaces, 2014, 6(3): 1541-1549.

[179] Liu X, Zong C, Ai K, et al. Engineering natural materials as surface-enhanced Raman spectroscopy substrates for in situ molecular sensing [J]. ACS Applied Materials & Interfaces, 2012, 4(12): 6599-6608.

[180] Le Ru E, Blackie E, Meyer M, et al. Surface enhanced Raman scattering enhancement factors: a comprehensive study [J]. The Journal of Physical Chemistry C, 2007, 111(37): 13794-13803.

[181] Xia T-H, Chen Z-P, Chen Y, et al. Improving the quantitative accuracy of surface-enhanced Raman spectroscopy by the combination of microfluidics with a multiplicative effects model [J]. Analytical Methods, 2014, 6(7): 2363-2370.

[182] Tan E-Z, Yin P-G, You T-t, et al. Three dimensional design of large-scale TiO_2 nanorods scaffold decorated by silver nanoparticles as SERS sensor for ultrasensitive malachite green detection [J]. ACS Applied Materials & Interfaces, 2012, 4(7): 3432-3437.

[183] Chen M, Phang IY, Lee MR, et al. Layer-by-layer assembly of Ag nanowires into 3D woodpile-like structures to achieve high density "hot spots" for surface-enhanced Raman scattering [J]. Langmuir, 2013, 29(23): 7061-7069.

[184] Jani AMM, Losic D, Voelcker NH. Nanoporous anodic aluminium oxide: advances in surface engineering and emerging applications [J]. Progress in Materi-

als Science, 2013, 58(5): 636-704.

[185] Makaryan T, Esconjauregui S, Gonc,alves M, et al. Hybrids of carbon nanotube forests and gold nanoparticles for improved surface plasmon manipulation[J]. ACS Applied Materials & Interfaces, 2014, 6(8): 5344-5349.

[186] Chen J, Yang L. Synthesis and SERS performance of a recyclable SERS substrate based on Ag NPs coated TiO_2 NT arrays[J]. Integrated Ferroelectrics, 2013, 147(1): 17-23.

[187] Yang X, Zhong H, Zhu Y, et al. Ultrasensitive and recyclable SERS substrate based on Au-decorated Si nanowire arrays[J]. Dalton Transactions, 2013, 42 (39): 14324-14330.

[188] Liu K, Li D, Li R, et al. Silver-decorated ZnO hexagonal nanoplate arrays as SERS-active substrates: An experimental and simulation study[J]. Journal of Materials Research, 2013, 28(24): 3374-3383.

[189] Wang K, Qian X, Zhang L, et al. Inorganic – organic pn heterojunction nanotree arrays for a high-sensitivity diode humidity sensor[J]. ACS Applied Materials & Interfaces, 2013, 5(12): 5825-5831.

[190] Pradhan M, Sinha AK, Pal T. Mn oxide-silver composite nanowires for improved thermal stability, SERS and electrical conductivity[J]. Chemistry – A European Journal, 2014, 20(29): 9111-9119.

[191] Dai Z, Wang G, Xiao X, et al. Obviously angular, cuboid-shaped TiO_2 nanowire arrays decorated with Ag nanoparticle as ultrasensitive 3D surface-enhanced Raman scattering substrates[J]. The Journal of Physical Chemistry C, 2014, 118(39): 22711-22718.

[192] Raman C V, Kirishnan K S. A new type of secondary radiation. Nature 1928, 121, 501-502.

[193] Zhang C, Jiang S Z, Huo Y Y, et al. SERS detection of R6G based on a novel graphene oxide/silver nanoparticles/silicon pyramid arrays structure[J]. Optics Express, 2015, 23(19): 24811.

[194] 张树霖. 拉曼光谱学与低维纳米半导体[M]. 北京: 科学出版社, 2008.

[195] Eanmaire D L J, Richard P, Van duyne R P. Surface Raman Spectra Electrochemistry: Part I. Heterocyclic, Aromatic, and Aliphatic Amines Adsorbed on

the Anodized Silver Electrode[J]. Journal of Electroanalytical Chemistry and Interfacial Electrochemistry, 1977, 84(1): 1-20.

[196] Fleischmann M, Hendra P J, Mcquillan A J. Raman Spectra of Pyridine Adsorbed at A Silver Electrode[J]. Chemical Physics Letters, 1974, 26(2): 163-166.

[197] VanDuyne R P. Chemical and Biochemical Applications of lasers, Academic Press, New York, 1979, 4.

[198] Quagliano, Lucia G. Observation of Molecules Adsorbed on III-V Semiconductor Quantum Dots by Surface-Enhanced Raman Scattering[J]. Journal of the American Chemical Society, 2004, 126(23): 7393-7398.

[199] Niaura G, Gaigalas A K, Vilker V L. Surface-Enhanced Raman Spectroscopy of Phosphate Anions: Adsorption on Silver, Gold, and Copper Electrodes [J]. The Journal of Physical Chemistry B, 1997, 101(45): 9250-9262.

[200] Kudelski A. Structures of monolayers formed from different HS-(CH$_2$)$_2$-X thiols on gold, silver and copper: comparitive studies by surface-enhanced Raman scattering[J]. Journal of Raman Spectroscopy, 2003, 34(11): 853-862.

[201] Tian Z Q, Ren B, Wu D Y. Surface-enhanced Raman scattering: from noble to transition metals and from rough surfaces to ordered nanostructures [J]. Journal of Physical Chemistry B, 2002, 106(37): 9463-9483.

[202] Ren B, H uang Q, Cai W B, et al. Surface Raman spectra of pyridine and hydrogen on bare platinum and nickel electrodes[J]. Journal of Electroanalytical Chemistry, 1996, 415(1): 175-178.

[203] 武建劳, 郇宜贤, 傅克德, 等. 表面增强拉曼散射概述[J]. 光散射学报, 1994, 6(1): 52-62.

[204] PeterlinzK A, Georgiadis R. In Situ Kinetics of Self-Assembly by Surface Plasmon Resonance Spectroscopy[J]. Langmuir, 1996, 12(20): 4731-4740.

[205] Rose J H, Cheney M, Defacio B. Determination of the Wave Field from Scattering Data[J]. Physical Review Letters, 1986, 57(7): 783-786.

[206] Thanos IC G. An in-situ Raman Spectroscopic Study of the Reduction of HNO$_3$ on A Rot Acting Silver Electrode[J]. Journal of Electroanalytical Chemistry, 1986, 200(1-2): 231-247.

[207] J Huang, L M Zhang, B A Chen, N Ji, F H Chen, Y Zhang, Z J Zhang. Nanocomposites of size - controlled gold nanoparticles and graphene oxide: formation and applications in SERS and catalysis [J] . Nanoscale 2 (2010): 2733-2738.

[208] Morton S M, Jensen L. Understanding the Molecule−Surface Chemical Coupling in SERS[J]. Am Chem Soc, 2009, 131(11), 4090-4098.

[209] Shim S, Stuart C M, Mathies R A. Resonance Raman Cross - Sections and Vibronic Analysis of Rhodamine 6G from Broadband Stimulated Raman Spectros-copy[J]. Chem Phys Chem, 2008, 9(5), 697-699.

[210] Macdiarmid A G, Chiang J C, Huang W, et al. Polyaniline: Protonic Acid Doping to the Metallic Regime [J] . Molecular Crystals and Liquid Crystals, 1985, 125(1): 309-318.

[211] Bhattacharya A, De A. Conducting composites of polypyrrole and polyaniline a review[J]. Progress in Solid State Chemistry, 1996, 24(3): 141-181.

[212] Yang L, Yang Z, Cao W. Fabrication of Stable Chiral Polyaniline Nanocompos-ite - Based Patterns [J] . Macromolecular Rapid Communications, 2005, 26 (3): 192-195.

[213] Granot E, Katz E, Basnar B, et al. Enhanced Bioelectrocatalysis Using Au - Nanoparticle/Polyaniline Hybrid Systems in Thin Films and Microstructured Rods Assembled on Electrodes [J] . Chemistry of Materials, 2005, 17 (18): 4600-4609.

[214] Athawale A A, Katre P P. Ag Dispersed Conducting Polyaniline Nanocomposite as a Selective Sensor for Ammonia[J]. Journal of Metastable and Nanocrystalline Materials, 2005, 23: 323-326.